U0323122

"十二五"国家重点图书

环境保护知识丛书

日常生活中的环境保护

——我们的防护小策略

孙晓杰　赵由才　主编

北　京

冶　金　工　业　出　版　社

2013

内 容 提 要

曾几何时，我们生活在蓝天白云之下，青山碧水之间，周围的环境是那么优美，到处鸟语花香，柔风细雨。肥沃的土地、蔚蓝的海洋、青青的草原、茂密的森林、清新的空气、清清的河流养育了我们一代又一代。

一直以来，我们认为地球很大，将污水、垃圾统统倒进江河湖海，把有害废气排到天空中，总是认为这一点废物算什么呢？一直以来，我们认为森林很大，不用担心砍伐；一直以来，我们认为草原很辽阔，不用担心放牧开垦。我们也认为农药能带来丰收，可以放心地使用。但是我们错了，突然有一天，我们赖以生存的环境，已经不再是从前的模样，江河湖海不再清澈，食品不再安全，天空不再蓝，土地不再肥沃，水土流失愈发严重，生物多样性减少，珍稀动植物灭绝……

本书是环境保护知识丛书之一，适合于对环境保护知识感兴趣、关心环保事业的人士或青少年学生阅读。面对大自然的惩罚，我们要反思，我们要行动。亲爱的读者，就请您跟随我们一起，翻开这本书，走近环境，认识环境，在日常生活中为保护环境贡献我们的一份力量吧！

图书在版编目 (CIP) 数据

日常生活中的环境保护：我们的防护小策略/孙晓杰，赵由才主编.
—北京：冶金工业出版社，2013.1
（环境保护知识丛书）
"十二五" 国家重点图书
ISBN 978-7-5024-6096-9

I.①日…　II.①孙…　②赵…　III.①环境保护—基本知识　IV.①X

中国版本图书馆 CIP 数据核字 (2012) 第 317689 号

出 版 人　谭学余
地　　　址　北京北河沿大街嵩祝院北巷 39 号，邮编 100009
电　　　话　(010)64027926　电子信箱　yjcbs@cnmip.com.cn
责任编辑　程志宏　郭冬艳　美术编辑　李　新　版式设计　孙跃红
责任校对　石　静　责任印制　张祺鑫
ISBN 978-7-5024-6096-9
冶金工业出版社出版发行；各地新华书店经销；北京慧美印刷有限公司印刷
2013 年 1 月第 1 版，2013 年 1 月第 1 次印刷
169mm×239mm；12.25 印张；233 千字；178 页
28.00 元

冶金工业出版社投稿电话：(010)64027932　投稿信箱：tougao@cnmip.com.cn
冶金工业出版社发行部　电话：(010)64044283　传真：(010)64027893
冶金书店　地址：北京东四西大街 46 号 (100010)　电话：(010)65289081 (兼传真)
（本书如有印装质量问题，本社发行部负责退换）

丛书序言

人类生活的地球正在遭受有史以来最为严重的环境威胁，包括陆海水体污染、全球气候暖化、疾病蔓延等。经相关媒体曝光，生活垃圾焚烧厂排放烟气对焚烧厂周边居民健康影响、饮用水水源污染造成大面积停水、全球气候变化导致的极端天气等，事实上都与环境污染有关。过去曾被人们认为对环境和人体无害的物质，如二氧化碳、甲烷等，现在被证实是造成环境问题的最大根源之一。

我国环境保护工作起步比较晚，对环境问题的认识也不够深入，环境保护措施和政策法规还不完善，导致我国环境事故频发。随着人们生活水平的不断提高，环境保护意识逐渐增强，民众迫切需要加强对环境保护知识的了解。长期以来，虽然出版了大量环境保护书籍，但绝大多数专业性很强，系统性较差，面向普通大众的环境保护科普读物却较少。

为了普及大众环境保护知识，提高环境保护意识，冶金工业出版社特组织编写了《环境保护知识丛书》。本丛书涵盖了环境保护的各个领域，包括传统的水、气、声、渣处理技术，也包括了土壤、生态保护、环境影响评价、环境工程监理、温室气体与全球气候变化等，适合于非环境科学与工程专业的企业家、管理人员、技术人员、大中专师生以及具有高中学历以上的环保爱好者阅读。

本丛书内容丰富，编写的过程中，编者参考了相关著作、论文、研究报告等，其出处已经尽可能在参考文献中列出，在此对文献的作者表示感谢。书中难免出现疏漏和错误，欢迎读者批评指正，以便再版时修改补充。

赵由才

2011 年 4 月

前　言

随着我国城市化和新农村建设步伐的加快，人民生活水平的不断提高，也由于环保措施和环保理念的滞后，环境污染问题日益突出。环境污染有很多分类方法，按环境要素分有，大气污染、水体污染、土壤污染；按人类活动分有，工业环境污染、城市环境污染、农业环境污染。目前我们主要关注的是工业、农业等对环境的污染，而对日常生活中的环境污染与环境保护关注较少。所谓日常生活，是指在个人直接生活环境中进行的，以个体的生存和再生产为宗旨的衣食住行、饮食男女、礼尚往来、闲聊娱乐等日常消费、日常交往、日常观念活动的总称。依日常生活定义，人们在日常生活中还是会产生很多污染的。因此，日常生活与环境保护的关系十分密切，我们需要关注日常生活中的环境保护，从我们每一个人的身边做起，营造一个良好的环境。

本书着重从日常生活中点点滴滴的小事，通过插图、漫画、故事等概括人们日常生活中容易造成的环境污染，通俗易懂地介绍环境保护的基本知识，环境污染与防治，环境保护的法律法规以及生态建设的基本常识。

本书主要包括以下内容：日常生活中的水污染、大气污染、土壤污染、化学污染、生物污染、物理污染（噪声污染、放射性污染、电磁波污染）、固体废物污染、能源污染以及减少这些污染的对策。

本书由孙晓杰、赵由才任主编，参加本书编写的人员包括：第1章由孙晓杰、赵由才编写，第2章~第4章由孙晓杰、罗洁瑜、赵由才编写，第5章由吴燕华、孙晓杰编写，第6章由罗洁瑜、赵由才编写，

第7章、第8章由周洪涛、孙晓杰、赵由才编写，第9章由魏玮、孙晓杰、赵由才编写。书中漫画由杨靖、黄家湖创作。本书的写作还得到桂林理工大学、同济大学的大力协助，在此表示感谢。

由于编者水平和经验有限，书中疏漏和不足之处，敬请同行和专家批评指正。

编　者

2012 年 5 月 1 日

目　　录

第1章　环境与环境保护

1.1　环境与环境问题

1.1.1　什么是环境

提起环境，我们大家都知道，但是真要让你说出什么是环境，估计你也会为难。

中华人民共和国环境保护法第二条将环境定义为影响人类生存和发展的各种天然的和经过人工改造的自然因素的总体，包括大气、水、海洋、土地、矿藏、森林、草原、野生生物、自然遗迹、人文遗迹、自然保护区、风景名胜区、城市和乡村等，也就是自然环境和人工环境。

图 1-1　地球环境

通俗一点讲，环境就是我们在日常生活中面对的一切。我们口渴了，江河湖海会提供给我们水；我们要呼吸，空气会提供给我们氧气；我们要吃饭，土地会提供给我们瓜果蔬菜和粮食。想想我们每天的生活，吃喝拉撒睡，上班下班，学习娱乐，所需的一切生活和生产用品，水、电、煤（或天然气、柴火）、汽油、床单、衣服、家具、菜刀、杯子、中草药，哪一样不是来自周围环境？因此，可以说，人类破坏环境就是在破坏我们自身赖以生存的基础。

图 1-2　室内环境

图 1-3　生产和生活用品
（a）水；（b）电；（c）家具

1.1.2　环境问题

　　提起环境问题，大家都知道，现在的水不清了，空气不新鲜了。但到底什么是环境问题，而我们身边出现了哪些环境问题，大家又未必说得清。

　　对环境问题的理解可区分为广义和狭义两种。广义的环境问题是由自然力或人力引起生态平衡破坏，最后直接或间接影响人类的生存和发展的一切客观存在的问题；狭义的环境问题是由于人类的生产和生活活动，使自然生态系统失去平衡，反过来影响人类生存和发展的一切问题，主要包括环境污染和生态破坏。

环境污染是指人类直接或间接地向环境排放超过其自净能力的物质或能量，从而使环境的质量降低，对人类的生存与发展、生态系统和财产造成不利影响的现象。通俗来讲，环境污染是指环境变得不清洁、污浊、肮脏或其他方面的不洁净的状态，包括水污染、大气污染、噪声污染、放射性污染等等，如图 1-4 所示。

图 1-4　环境污染

（a）水污染；（b）大气污染；（c）噪声污染

生态破坏是指人类不合理开发、利用造成森林、草原等自然生态环境遭到破坏，从而使人类、动物、植物的生存条件发生恶化的现象。如水土流失、土地荒漠化、土壤盐碱化、生物多样性减少等等，如图 1-5 所示。

一直以来，我们认为地球很大，所以感觉不用担心把大量的废气送排到天空

图 1-5　生态破坏

（a）水土流失；（b）土地荒漠化；（c）土地盐碱化

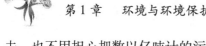

去，也不用担心把数以亿吨计的污水、垃圾倒进江河湖海。总是认为这一点废物算什么呢？但是我们错了，虽然地球超过半径 6300km，但大多生物只能在海拔 8km 到海底 11km 的范围内生活，而我们人类仅能在地表很窄的一个范围内生存和生活，人类这样肆无忌惮地排放废水、废气和垃圾，必然会造成严重的环境污染甚至生态破坏。

环境污染和生态破坏常常互相作用、互相影响，有时候互为因果，比如，如果一个地区长期污染水环境，会导致无水可用的后果，这样最终会导致水资源短缺的生态破坏问题。

1.1.3 日常生活的环境影响

我们人类每天都生活在特定的环境中，我们做的每一件事都会对环境造成影响。

早晨起床，如用肥皂洗手、洗脸，用牙膏刷牙，其中肥皂及牙膏均属化学产品，在其制造过程中必定会产生一些无法分解的污染物，刷牙时由于不注意，未关水龙头，造成了水资源的浪费；

早上吃饭时，吃的食物中有的是经长途运输运来的，在运输过程中，汽车尾气造成了污染；吃完饭后一看表，到上学时间了，手表中的电池用完后也会造成很大污染；

上学骑电动车，每隔几天就得充电，造成能源浪费；路上的车辆排放的尾气，化工厂排放的废气对空气均有污染；

来到学校，拿出课本、笔记本，制造这些文具均需砍伐树木破坏森林；油笔的外壳是塑料，用完后难降解，笔油也是化学物质，还有毒。

再平常不过的一天，再平常不过的日常活动，竟会有如此多的危害，无论我们在干什么，无论我们用什么，无论我们走到哪里，只要处于人类社会中，就会对环境造成污染。

1.2 环境保护

面对日益严重的污染问题，我们应该怎么办呢？环境保护是解决环境问题的唯一出路。环境保护是人类为解决现实的或潜在的环境问题，通过采取行政的、法律的、经济的、科学技术等多方面的措施，利用环境科学的理论和方法，协调人类与环境的关系，保护和改善环境、保持和发展生态平衡，保障经济社会的持续发展等一切活动的总称。

从行政的层面来讲，既要加强相关环境保护的法律法规的执行力度，又要对群众进行环保科普教育，使环境保护成为公民的自觉行动；从法律的层面来讲，我们的立法机关要不断完善环境保护的法律法规，建立健全环保相关法制；从经济的层面来讲，国家和有关企业要加大环保的资金投入，不能走牺牲环境来发展经济的道路。从科学技术的层面来讲，企业自主不断研发、探索治理污染的新技术和新工艺。对于我们公民来讲，我们应该提高自身的环保意识，对周边的居住和生活环境的保护，就是直接或间接地在保护自然环境；我们破坏了居住和生活的环境，也就会直接或间接地破坏了自然环境。

其实环境保护，从每个普通市民做起，可以从下面几点着手：

（1）注意节约用电，离开房间时关上电器，拔下插头；

（2）每年参加植树造林活动，并在自己的居室内外种植花草；

（3）尽可能用节能灯代替普通灯泡；

（4）不购买、品尝野生动物，劝亲友不要到野外捕食飞禽走兽；

（5）尽量以步代车、骑自行车或乘坐公共交通工具；

（6）不要购买一次性物品，如筷子、剃刀、纸杯等，尽量选择用可回收利用材料包装的饮料；

（7）购物时自己携带购物袋，不使用不可降解的塑料袋；

（8）节约用水，刷牙时关闭水龙头，洗脸、洗澡、洗衣物的水可以冲洗厕所或拖地；

（9）购买无磷洗涤剂和有绿色标志的产品；

（10）肥皂的原料来自于植物或者动物脂肪，易于生物降解，对水的污染比较小，比一般的化学配方好得多。用肥皂洗衣服不仅会减少水污染，还会对你的健康有益。

为了保护环境，在这个世界有许多关于环保的日子，你知道多少？下面来看看吧：

2 月 2 日	国际湿地日
3 月 12 日	中国植树节
3 月 22 日	世界水日
4 月 22 日	世界地球日
5 月 22 日	国际生物多样性日
5 月 31 日	世界无烟日
6 月 5 日	世界环境日
6 月 11 日	中国人口日
6 月 17 日	世界防治荒漠化和干旱日
7 月 11 日	世界人口日
9 月 16 日	国际保护臭氧层日
10 月 4 日	世界动物日
10 月 16 日	世界粮食日

第2章 水污染与保护

2.1 我国水资源概况

水是生命之源泉。在地球上，哪里有水，哪里就有生命。人体内的水分，大约占到体重的65%。人如果不摄入某一种维生素或矿物质，也许还能继续活几周或带病活上若干年，但人如果没有水，却顶多活几天。我国的淡水资源是较为丰富的，总量约2.8万亿立方米，居世界第六位。但我国人口众多，人均淡水占有量仅为$2220m^3$，被列为13个贫水国家之一，人均淡水是世界平均水平的1/4。目前我国有400多个城市缺水，110个城市严重缺水。

图2-1 珍惜水资源

2.2 水污染事件

我们人类不光缺水，而且，随着工农业的发展及人民生活水平的提高，水污染越来越严重。不仅我国发生水污染事件，欧美等发达国家也经常发生水污染事件。

历史上最著名的水污染事件是日本水俣病事件。

1956年，水俣湾附近发现了一种奇怪的病，这种病症最初出现在猫身上，被称为"猫舞蹈症"。病猫步态不稳，抽搐、麻痹，跳海死去，被称为"自杀猫"。随后不久，此地也发现了患这种病症的人。这个镇有4万居民，几年中先后有1万人不同程度的患有此种病状。1956年8月由日本熊本国立大学医学院研究报告证实，这是由于居民长期食用了八代海水俣湾中含有汞的海产品所致。这种"怪病"就是日后轰动世界的"水俣病"。

以下为2010年，国内外震撼人心的水环境污染事件。

图2-2 水俣病，无法愈合的伤痛

2.2.1 墨西哥湾漏油事件

2010年4月20日，位于墨西哥湾的"深水地平线"钻井平台发生爆炸并引发大火，大约36小时后沉入墨西哥湾，造成7人重伤、11人死亡，这起原油泄漏事故对当地渔业和旅游业造成巨大损失，数百种鱼类、鸟类等大量死亡，甚至伤害到濒临物种。

图2-3 墨西哥湾漏油事件

2.2.2 匈牙利铝厂废水泄漏事故

2010年10月4日，匈牙利维斯普雷姆州一家铝厂存储有毒废水的池子发生泄漏事故，约百万升有毒废水流入附近3个村镇，8人死亡，150多人受伤。多瑙河被染成了红色，对欧洲十多个国家生态造成极大伤害。

图2-4 匈牙利铝厂废水泄漏事故

2.2.3 福建紫金矿业有毒废水泄漏事故

2010年7月3日，福建紫金矿业集团有限公司铜矿湿法厂发生铜酸水渗漏事故。9100m³的污水顺着排洪涵洞流入汀江，事故造成汀江严重污染及大量网箱养鱼死亡。

2.2.4　大连新港输油管线爆炸起火事故

2010 年 7 月 16 日，一艘利比里亚籍 30 万吨级油轮在卸油的过程中，发生操作不当导致陆地输油管线发生爆炸引发大火和原油泄漏，至少污染了附近 50 平方公里的海域，重度污染海域 12 平方公里。

2.2.5　七千化工桶污染松花江事件

2010 年 7 月 28 日，吉林永吉县境内发生特大洪水，永吉县经济开发区两家化工厂 7138 只化工原料桶被冲入温德河，随后进入松花江。桶装原料主要为三甲基一氯硅烷、六甲基二硅氮烷等物质。城市供水管道被切断，这几乎是 5 年前吉林石化爆炸的翻版。污染带长 5km。

我国最著名的水污染事件是太湖蓝藻污染事件。2007 年 5 月 29 日，太湖无锡水域的蓝藻集中暴发，让曾经美丽的太湖水变成了一湖臭水。由于蓝藻的大量繁殖，影响了水域其他浮游绿藻的生存和繁殖，减少了鱼类的食物；蓝藻死亡后，好氧细菌滋生，氧化水解有机物的同时，降低了水的溶解氧含量，随后有机物经厌氧微生物的作用腐败后，释放有毒的物质，严重地破坏了部分水域的水质，影响到水生生物的生存，导致水产捕获量的减少，也影响了某些区域居民的生活用水和饮用水的水质。

2.3　水污染定义

1984 年颁布的《中华人民共和国水污染防治法》中为"水污染"下了明确的定义，即水体因某种物质的介入，而导致其化学、物理、生物或者放射性等方面特征的改变，从而影响水的有效利用，危害人体健康或者破坏生态环境，造成水质恶化的现象称为水污染（water pollution）。

2.4　我国水污染现状

2009 年，长江、黄河、珠江、松花江、淮河、海河和辽河七大水系总体为轻度污染。203 条河流 408 个地表水国控监测断面中，Ⅰ～Ⅲ类水质的断面比例为 57.3%、Ⅳ～Ⅴ类为 24.3%、劣Ⅴ类为 18.4%，其中，珠江、长江水质良好，松花江、淮河为轻度污染，黄河、辽河为中度污染，海河为重度污染。

太湖、滇池和巢湖等 26 个国控重点湖泊和水库中，仅 1 个满足Ⅱ类水质，占 3.9%；5 个满足Ⅲ类，占 19.2%；6 个满足Ⅳ类，占 23.1%；5 个满足Ⅴ类，占 19.2%；9 个为劣Ⅴ类的，占 34.6%。主要污染指标为总氮和总磷，营养状态为重度富营养化的 1 个，占 3.8%；中度富营养化的 2 个，占 7.7%；轻度富营养化的 8 个，占 30.8%；其他均为中营养化，占 57.7%。

三峡库区水质为优，6 个国控监测断面水质均为 Ⅱ 类。

南水北调东线工程沿线总体为轻度污染。10 个国控监测断面中，Ⅰ～Ⅲ 类水质的断面比例为 40.0%、Ⅳ 类为 50.0%、劣 Ⅴ 类为 10.0%，主要污染指标为石油类、高锰酸盐指数和五日生化需氧量（BOD$_5$）。

全国重点城市共监测 397 个集中式饮用水源地，其中地表水源地 244 个，地下水源地 153 个。监测结果表明，2009 年，重点城市年取水总量为 217.6 亿吨，达标水量为 158.8 亿吨，占 73.0%；不达标水量为 58.8 亿吨，占 27.0%。

全国 202 个城市的地下水水质以良好至较差为主，深层地下水质量普遍优于浅层地下水，开采程度低的地区优于开采程度高的地区。

四大海区近岸海域中，黄海和南海近岸海域水质良，渤海近岸海域水质一般，东海近岸海域水质差。北部湾和黄河口海域水质优，Ⅰ、Ⅱ 类海水比例在 90% 以上；渤海湾、辽东湾、胶州湾和闽江口海域水质差，Ⅰ、Ⅱ 类海水比例低于 60% 且劣 Ⅳ 类海水比例低于 30%；长江口、杭州湾和珠江口水质极差，劣 Ⅳ 类海水比例均占 40% 以上，其中杭州湾最差，劣 Ⅳ 类海水比例高达 100%。

2.5 水体污染物质及其对水质的影响

2.5.1 悬浮物

悬浮物除了能使水体变浑影响水生植物的光合作用之外，还能吸附重金属、营养物、农药等有机毒物沉入水底，形成复合污染物。悬浮物还妨碍水上交通，使水库库容减小。

2.5.2 耗氧有机物

耗氧有机物排入水体后能在微生物作用下分解为简单的无机物，并消耗大量氧气，水体溶解氧浓度降低，影响鱼类和水生生物的生存，严重时会导致鱼类窒息死亡，水体变黑发臭。

2.5.3 植物性营养物

植物性营养物主要指含有氮、磷的无机化合物或有机化合物，过多的营养物质排入水体，易引起水中藻类及其他浮游生物大量繁殖，形成富营养化，严重时会使水中溶解氧下降，甚至会导致湖泊的水生生物因缺氧而大量死亡。

2.5.4 重金属

在我国，已有 45 种重金属被列为具有潜在危害的重要污染物质，重金属的环境污染已受到人们极大的关注。根据环境保护部的统计，在 2009 年，我国发生了 12 起重金属污染事件，共导致 4035 人血铅超标、182 人镉超标。当年，全

国发生 32 起由重金属污染引起的群体性事件。

2.5.5　难降解有机物

难以被微生物降解的有机物，又称为持久性有机污染物（POPs，Persistent Organic Pollutants），能在水中长期稳定地存留，并通过食物链富集最后进入人体。它们中的一部分化合物即使在十分低的含量下仍具有致癌、致畸和致突变的作用。首批列入《关于持久性有机污染物的斯德哥尔摩公约》控制名单的 POPs 共有 12 种（类），通常被称为"肮脏的一打"，分别是艾氏剂、狄氏剂、异狄氏剂、滴滴涕、六氯苯、七氯、氯丹、灭蚊灵、毒杀芬、多氯联苯、多氯代二苯并-对-二噁英（PCDDs）、多氯代二苯并呋喃（PCDFs）。

2.5.6　石油类

石油类污染物主要来源于船舶废水、工业废水、海上石油开采及大气石油烃沉降。油污染的危害有很多方面，它会形成油膜阻止氧进入水中，妨碍水生植物的光合作用。同时，石油还会黏附在鱼鳃上，使之呼吸困难直至死亡，还会抑制水鸟产卵和孵化。食用受石油污染的水产品，会危及人体健康。

2.5.7　酸碱

工业废水中排放大量的酸性或碱性废水以及由于雨水淋洗空气中二氧化硫污染而产生酸雨等，都会污染水体。酸碱污染水体后，使水体的 pH 值发生变化，破坏自然水体的缓冲能力，抑制微生物的生长。例如 2005 年 4 月 16 日，讷河市城东 13 公里处，发现了一个特大污染源。该污染源将超过数十吨的酸碱物直接排放到讷莫尔河，再流入嫩江上游，造成污物绵延数华里，湿地惨遭污染。

2.5.8　病原体

生活污水、医院污水和屠宰、制革、洗毛、生物制品等工业废水，常含有各种病原体，如病毒、病菌、寄生虫，而导致霍乱、伤寒、胃炎、肠炎、痢疾以及其他病毒传染疾病和寄生虫病。

2.6　水污染的主要途径

水污染的主要途径有以下几个：
（1）未经处理而排放的工业废水；
（2）未经处理而排放的生活污水；
（3）大量使用化肥、农药、除草剂的农田污水；
（4）堆放在河边的工业废弃物和生活垃圾；

（5）森林砍伐，水土流失；

（6）因过度开采，产生矿山污水。

(a)　　　　　　　　　　　　(b)

(c)　　　　　　　　　　　　(d)

图 2-5　水污染途径

（a）工业废水；（b）生活污水；（c）生活垃圾；（d）森林砍伐

2.7　水污染的危害

2.7.1　水污染对人体的危害

我们人体每天都要通过喝水和进食来维持生命，而水体的污染物质可以通过食物链到达人体中，对人的身体造成危害。据调查，饮用受污染水的人，患肝癌和胃癌等癌症的发病率要比饮用清洁水的人高出 61.5% 左右。当含有汞、镉等元素的污水排入河流和湖泊时，水生植物就把汞、镉等元素吸收和富集起来，鱼吃水生植物后，又在其体内进一步富集，人吃了中毒的鱼后，汞、镉等元素在人体内富集，使人患病而死亡。此外，人在不洁净的水中活动，水中病原体亦可经皮肤、黏

图 2-6　水污染是人类的魔鬼

膜侵入机体，如血吸虫病等。另外，水环境中的一些人体分泌干扰物质也会造成危害，如化学性污染物邻苯二甲酸二丁酯等可干扰机体内一些激素合成、代谢或作用，从而影响机体的正常生理、代谢或生殖等。

2.7.2　水污染对水生生物的危害

当人类向水中排放污染物时，会使一些有益的水生生物中毒死亡，而一些耐污染的水生生物会加剧繁殖，大量消耗溶解在水中的氧气，从而打破生物与水、生物与生物之间的平衡。同时，水污染会导致鱼类产量下降，长期轻度的水污染会导致鱼类质量下降，外形变异，严重的水污染还有可能造成鱼类大量死亡，甚至种类性灭绝，对经济造成重大的损失。人食用了受污染的鱼类会导致中毒或健康方面的其他损害。

图 2-7　水污染对鱼类的危害

2.7.3　水污染对工农业生产的影响

工农业生产对水质有一定的要求，如果使用了受污染的水体，对工农业会造成很大的损失：一方面是使土壤的化学成分改变，肥力下降，农产品也会直接或间接地受到不同程度的污染，农作物的品种甚至会出现各种不同程度的变异；另一方面使工业设备受到破坏，严重影响产品质量，从而涉及企业在市场上的竞争能力、企业的经济利益和广大消费者的利益；此外，使城市增加生活用水和工业用水的污水处理费用。在水资源贫乏的情况下，保证工业农业用水的水质就显得尤为重要。

图 2-8　救命啊，我的庄稼啊！

2.8 我国水污染控制常用标准与法律法规

2.8.1 法律法规

为了防治水污染，保护和改善环境，保障饮用水安全，促进经济社会全面协调可持续发展，我国制定了一系列的水环境保护方面的法律法规，如中华人民共和国水污染防治法、中华人民共和国水法、中华人民共和国海域使用管理法、中华人民共和国渔业法、中华人民共和国水土保持法和中华人民共和国环境保护法、防治船舶污染海洋环境管理条例、规划环境影响评价条例、防治船舶污染海洋环境管理条例。

图 2-9 水污染控制法律法规

2.8.2 水环境质量标准

水环境质量标准适用于江河、湖泊、水库等具有使用功能的地面水域，其目的是保障人体健康、维护生态平衡、保护水资源、控制水污染以及改善地面水质量和促进生产。

此外，《地面水环境质量标准》（GB 3838—2002）、《渔业水质标准》（GB 11607—1989）、《景观娱乐用水水质标准》（GB 12491—1991）、《农田灌溉水质标准》（GB 5084—1992）、《地下水质量标准》（GB/T 14848—1993）、《海水水质标准》（GB 3097—1997）这些标准说明了各类水体中污染物的最高允许含量，以保证水环境质量。

2.8.3　水污染物排放标准

《污水综合排放标准》(GB 8978—1996)是适用面最广且最具权威性的国家标准,适用于排放污水和废水的一切企事业单位。排放标准将其排放的污染物按其性质分为不同类行业标准:《城镇污水处理厂污染物排放标准》(GB 18918—2002)、《味精工业污染物排放标准》(GB 19413—2004)、《造纸行业水污染物排放标准》(GB 3544—1992)、《纺织整染工业水污染物排放标准》(GB 4287—1992)以及《钢铁工业水污染物排放标准》(GB 13456—1992)等。

需要指出的是,行业标准不得与综合标准相抵触,如有矛盾则服从综合标准。

2.9　水污染的防治对策

2.9.1　国家和企业防治对策

(1)强化对饮用水源取水口的保护。有关部门要划定水源区,在区内设置告示牌并加强取水口的绿化工作。定期组织人员进行检查。从根本上杜绝污染,达到标本兼治的目的。

(2)加大城市污水和工业废水的治理力度。加快城市污水处理厂的建设对于改善城市水环境状况有着十分重要的作用。目前随着城市人口的增加和居民生活水平的提高,城市的废水排放量正在不断地增加,而城市污水处理厂却没有相应地增加,这必然会导致水环境质量的下降。因此建设更多的污水处理厂迫在眉睫。

(3)实现废水资源化利用。随着经济的发展,工业的废水排放量还要增加,如果只重视末端治理,很难达到改善目前水污染状况目的,所以我们要实现废水资源化利用。

(4)施行节约用水条例,加强公民的环保意识。节约用水,改善环境,一方面要施行节约用水条例,另一方面要通过各方面的宣传来增强居民的环保意识。居民的环保意识增强了,破坏环境的行为就自然减少了。

为加强节约用水管理,保护并合理开发水资源,提高水资源利用效率,促进经济和社会的可持续发展,我国许多城市如北京、深圳、哈尔滨等都施行了节约用水条例。

2.9.2　作为个人的防治对策

除此之外,作为个人,我们也有责任和义务保护水资源。在日常生活中能做到的环保行为有很多,只要留意,有危机感和责任心,就都能做到。为了社会供求关系的和谐，为了人们更好地生存于自然界，也为了我们的子孙后代，希望每一个人都有忧患意识，从我做起，促进社会和谐发展。应以"一水多用"和"用多少放多少"的原则节约用水。

（1）清洗炊具、餐具时，如果油污过重，可以先用纸擦去油污再进行冲洗。

（2）洗污垢或油垢多的地方，可以先用用过的茶叶包沾点熟油涂抹脏处，然后再用带洗涤剂的抹布擦拭，轻松去污。

（3）用洗米水、煮面水洗碗筷，可节省生活用水及减少洗洁精的污染。

（4）不要对着水龙头直接洗菜、洗碗、洗衣，应放适量的水在盆槽内洗涤，以减少流失量。清洗蔬菜时，调整清洗顺序，比如可以先对有皮的蔬菜进行去皮、去泥，然后再进行清洗；先清洗叶类、果类蔬菜，然后清洗根茎类蔬菜。

（5）不用水来帮助解冻食品，可提前将冷冻食品放在冷藏室，既节水又节电。

（6）洗手、洗脸、刷牙时不要将水龙头始终打开，应该间断性放水。

（7）提倡淋浴，不提倡盆浴，淋浴比用浴缸洗澡节省水量达八成之多。需盆浴时，控制放水量，约三分之一浴缸的水即可。淋浴时，站立在一个收集容器中，收集使用过的水，用于冲洗马桶或擦地；洗澡时应避免过长时间冲淋，搓洗时应及时关水，不要将喷头的水自始至终地开着。

（8）使用能够分档调节出水量的节水水龙头。

（9）集中清洗衣服，减少洗衣次数。减少洗衣机使用量，尽量不使用全自动模式，并且手洗小件衣物。洗衣时，洗衣粉添加量应适当，选择无磷洗衣粉，减少污染。

（10）使用家庭中较干净的弃水，如洗衣、洗菜、洗澡水等冲洗马桶，做到一水多用。定期检查水箱设备，及时更换或维修。

（11）抽水马桶水箱水量大，可在水箱内放置装满水的瓶子来减少冲洗水量；或选用节水型抽水马桶。

（12）养成随手关闭水龙头的好习惯。养成有意拧小水龙头的习惯，这样便可节约相当的水量。

（13）收集雨水，加以利用。冬季注意对室外的水管进行防冻裂处理。

（14）使用喝剩的茶水和矿泉水浇花。

（15）不向河道、湖泊里扔垃圾，不乱扔废旧电池，防止对自然水资源造成污染。

第3章 大气污染与保护

3.1 大气概况

　　大气是指包围在地球外围的空气层，通常又称为大气层或大气。大气圈是从地球表面至 1000～1400 公里的高空。大气层的总质量约为 $5.3 \times 10^{15} t$，只占地球总质量的百万分之一。由于受重力的影响，大气的重量（质量）主要集中在下部，其密度随高度的增加而迅速减小，其重量（质量）的 50% 集中在 5 公里以下，75% 集中在 10 公里以下，90% 集中在 30 公里以下，100 公里以上空气的重量（质量）仅是整个大气圈重量（质量）的百万分之一。

　　大气是多种气体的混合物，其成分可分为恒定、可变和不定三种组分。

　　（1）恒定组分的主要成分是氮、氧、氩，占空气总容积的 99.96%；其他成分是微量的氖、氦、氪、氙等稀有气体。这些气体的组分在 12 公里厚的近地层中几乎是不变的。

　　（2）可变组分主要是指大气中的二氧化碳、水蒸气和臭氧等气体，这些气体的含量受地区、季节、气象以及人们的生产和生活的影响有所改变。在正常状态下，水蒸气的含量为 0～4%，二氧化碳的含量为 0.02%～0.04%，近年来已达到 0.033%。

图 3-1　地球被污染了，还往哪跑啊！

　　（3）不定组分包括由自然界的火山爆发、森林火灾、海啸、地震等暂时性的灾难所引起的可造成局部和暂时性的污染，也包括人类社会的生产、生活等人为因素所产生的，如电厂、冶炼厂会向大气中释放烟尘、硫氧化物、氮氧化物及重金属元素。

　　大气中的不定组分是造成大气污染的根源，当大气中不定组分达到一定浓度时，就会对人和动植物造成危害。

3.2 典型的大气污染事件

　　当前，大气环境的不断恶化及其可能对人体健康造成的危害已成为科学家和普通百姓们所关注的焦点问题之一。大气污染事件频频曝光不断冲击人们的心灵，由于长期以来，为了摆脱贫困，改善自身的生活条件，我们想尽一切办法开发资源，发展生产，尤其是处在现代化发展的初级阶段，人们急于过上现代化生活而不惜代价、不顾后果地向大自然索取种种资源，供自己受用，其结果也理所应当地得到大自然的惩罚。

历史上，世界曾发生过许多大气污染事件，比较著名的有以下事件：

（1）美国洛杉矶烟雾事件。20世纪40年代，美国洛杉矶的大量汽车废气在紫外线照射下产生的光化学烟雾，造成许多人眼睛红肿、咽炎、呼吸道疾病恶化乃至思维紊乱、肺水肿等。

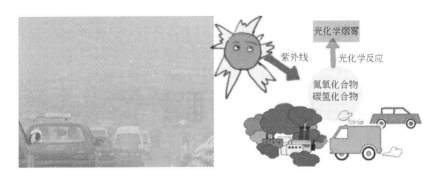

图3-2 美国洛杉矶烟雾事件及污染机理

（2）比利时的马斯河谷事件。比利时的马斯河谷位于狭窄的盆地中，1930年12月1～5日，气温发生逆转，致使工厂中排放的有害气体和煤烟粉尘在近地大气层中集聚不散，3天后开始有人发病。其症状表现为：胸痛、咳嗽、呼吸困难等，一星期内有60多人死亡，其中心脏病、肺病患者死亡率最高；同时，还有许多家畜致死。事件发生期间，SO_2浓度很高，并可能含有氟化物。事后分析认为，此次污染事件，是几种有害气体同煤烟粉尘对人体综合作用所致。

图3-3 比利时马斯河谷事件

（3）美国多诺拉事件。1948 年 10 月，美国宾夕法尼亚州多诺拉镇的二氧化硫及其氧化物与大气粉尘结合，使大气产生严重污染，造成 5911 人暴病。

（4）英国伦敦烟雾事件。1952 年 12 月 5~8 日，英国伦敦由于冬季燃煤引起的煤烟性烟雾，导致 4 天时间 4000 多人死亡，两月后又有 8000 多人死亡。

图 3-4 这烟雾把我污染成如此模样

（5）日本四日市废气事件。1961 年，日本四日市由于石油冶炼和工业燃油产生的废气严重污染大气，引起居民呼吸道疾病骤增，尤其是哮喘病的发病率大大提高，形成了一种突出的环境问题。

（6）北美四湖事件。20 世纪 70 年代初，美国东北部和加拿大东南部是西半球工业最发达的地区，该地区出现了大面积酸雨区，原因是这些地区每年向大气中排放二氧化硫 2500 多万吨。其中约有 380 万吨由美国飘到加拿大，100 多万吨由加拿大飘到美国。美国受酸雨影响的水域达 3.6 万平方公里，最强的酸性雨降在弗吉尼亚州其 pH 值达 1.4。纽约州阿迪龙达克山区，1930 年只有 4% 的湖无鱼，1975 年近 50% 的湖泊无鱼，其中 200 个是死湖，听不见蛙声，死一般寂静。加拿大受酸雨影响的水域达 5.2 万平方公里，多伦多 1979 年降水平均 pH 值为 3.5，比番茄汁还要酸，安大略省萨德伯里周围 1500 多个湖泊池塘漂浮死鱼，湖滨树木枯萎。

（7）印度博帕尔公害事件。1984 年 12 月 3 日，美国联合碳化公司在印度博帕尔的农药厂因管理混乱，操作不当，致使地下储罐内的剧毒甲级异氰酸脂因压力升高而爆炸外泄。45 吨毒气形成一股浓密的烟雾，以每小时 5000 米速度袭击了博帕尔市区。死亡近两万人，受害 20 多万人，5 万人失明，孕妇流产或产下死婴，受害面积 40 平方公里，数千头牲畜被毒死。

我国近几年大气污染事件也频频发生，比较著名的有以下事件：

（1）东华完小"5·8"中毒事件。2003 年 5 月 8 日晚上，一个住在靠近校门口的一栋寝室楼内的学生闻到了刺鼻的臭味，随即出现了发烧、

图 3-5 印度博帕尔公害事件

头昏、呼吸困难等症状。前后共 85 名师生和 1 名村民入院治疗。后经调查得知，该事件是由于卫生纸厂将蒸煮工艺所排出的硫化氢及含硫有机废气排放到下水道泄入东华完小学生宿舍所致。

（2）息烽化工污染事件。2007 年 4 月 16 日，贵州省息烽县小寨坝镇的贵阳中化开磷化肥有限公司发生二氧化硫气体下压事故，导致周边上空一度出现刺激性浓烟，16、17 两日，先后有 450 多附近居民和学生出现昏迷、抽搐等症状，其中包括 141 名学生。

（3）上海市嘉兴"2·24"大气污染事件。2011 年 2 月 24 日晚上 7 时左右，一股恶臭刺鼻气味的气体从平湖广陈镇开始袭击嘉兴。7 时左右，平湖广陈镇接报闻到恶臭，此后平湖市钟埭镇、平湖开发区也接到报告，8 时左右嘉兴市区接报，9 时左右达到高峰，10 时左右市区异味渐渐淡去，但桐乡乌镇方向接到恶臭投诉。经过排查，恶臭基本认定来源于位于上海市金山区金山卫镇的一家化工厂。

上面的事件都是突发性的，而我们更多见到是在冬季里，白天很难看到蓝天、白云、太阳，很多时候是浓雾弥漫，空气污浊。早晨抬眼能望见数十条"黑龙"和"白龙"你追我赶，天空和街道灰蒙蒙的混沌一片，蔚蓝的天空不见了踪影。晚上仰首不见明星和清月，在路灯的光柱下，只能看见黑乎乎的烟雾在低空中漂浮，20 米内看不见对面的人影。在高处往下看，形态各异的路灯都戴上了黑"帽子"。往日热闹的活动广场，连散步的人都没有了，冷清得活像"阴曹地府"。如果在郊外看，整个县城就是一个大黑蘑菇，如同要进"鬼城"一般。蓝天白云，何时可待？大气为地球生命的繁衍、人类的发展提供了理想的环境，它的状态和变化时时处处影响到人类的活动与生存，大气污染防治已经势在必行。

图 3-6　大气污染，我无家可归

3.3　大气污染的概念

大气污染通常是指由于人类活动和自然过程引起某些物质进入大气，呈现足够浓度，持续足够的时间，并因此危害了人体的舒适、健康和福利。大量能量（如热能）释放进入大气中会引起不良的影响，人类活动导致大气中某些组分变

化产生的危害等也归入了大气污染的范畴。

　　按照国际标准化组织（ISO）的定义，"大气污染通常是指由于人类活动或自然过程引起某些物质进入大气中，呈现出足够的浓度，达到足够的时间，并因此危害了人体的舒适、健康和福利或环境污染的现象"。

3.4　我国大气污染现状

　　2009 年，全国 612 个城市开展了环境空气质量监测，其中达到一级标准的城市 26 个（占 4.2%），达到二级标准的城市 479 个（占 78.3%），达到三级标准的城市 99 个（占 16.2%），劣于三级标准的城市 8 个（占 1.3%）。全国地级及以上城市环境空气质量的达标比例为 79.6%，县级城市的达标比例为 85.6%。

　　监测的 488 个城市（县）中，出现酸雨的城市 258 个，占 52.9%；酸雨发生频率在 25% 以上的城市 164 个，占 33.6%；酸雨发生频率在 75% 以上的城市 53 个，占 10.9%。全国酸雨分布区域主要集中在长江以南至青藏高原以东地区，主要包括浙江、江西、湖南、福建、重庆的大部分地区以及长江、珠江三角洲地区。酸雨发生面积约 120 万平方千米，重酸雨发生面积约 6 万平方千米。

　　2009 年，二氧化硫排放量为 2214.4 万吨，烟尘排放量为 847.2 万吨，工业粉尘排放量为 523.6 万吨，分别比 2008 年下降 4.6%、6.0%、11.7%。

3.5　大气污染的类型

3.5.1　煤烟型污染

　　煤烟型污染（还原型）的主要污染源是燃煤，主要污染物是 SO_2、CO 和烟尘，此外还有氮氧化物。当它们遇上低温、高湿的阴天，且风速很小并伴有逆温存在的情况时，一次污染物扩散受阻，易在低空聚积而发生化学反应生成二次污染物，如伦敦烟雾事件发生时的大气污染类型即为煤烟型污染。所以人们也称之

图 3-7　好多烟雾啊！

为伦敦烟雾型。

3.5.2　交通型污染

交通型污染（氧化型）的主要污染源是机动车（汽油车及柴油车）和机动船，主要污染物是 CO、NO_x、SO_2、烟尘和化合物。在相对湿度较低的夏季晴天，交通污染严重的地区可能会出现典型的二次污染——光化学烟雾，它对人体、动植物、材料均会产生破坏作用，并且严重影响大气能见度，如洛杉矶的光化学烟雾就属这种类型。

图 3-8　交通工具也能污染空气

3.5.3　酸沉降污染

酸沉降污染是指大气中的酸性物质通过降水（如雨、雾、雪）等方式迁移到地表，或在含酸气团气流的作用下直接迁移到地表引起环境污染。引起酸沉降的主要物质是人为和天然排放的 SO_x（SO_2 和 SO_3）和 NO_x（NO 和 NO_2），其中天然源一般是全球分布的，而人为排放的 SO_x 和 NO_x 则具有地区性分布的特点，如北美死湖事件就属于这种类型。

3.6　引起大气污染的污染物质种类和主要来源

引起大气污染的物质有很多，主要有以下几种：
（1）颗粒物，指大气中液体、固体状物质，又称尘。
（2）碳的氧化物，主要包括二氧化碳和一氧化碳。
（3）硫氧化物，包括二氧化硫、三氧化硫、三氧化二硫、一氧化硫等。
（4）碳氢化合物，如甲烷、乙烷等烃类气体。
（5）氮氧化物，包括氧化亚氮、一氧化氮、二氧化氮、三氧化二氮等。

图 3-9　造成大气污染的罪魁

（6）其他有害物质，如重金属类、含氟气休、含氯气体等等。

大气污染物种类与能源结构有密切关系，主要有以下几个方面：

（1）工业。工业是大气污染的一个重要来源，工业排放到大气中的污染物种类繁多，有烟尘、硫的氧化物、氮的氧化物、有机化合物、卤化物、碳化合物等。

图 3-10　工业对大气的污染也太大了吧

（2）交通运输。汽车、火车、飞机、轮船是当代的主要运输工具，它们烧煤或石油产生的废气也是重要的污染物，特别是城市中的汽车，量大而集中，排放的污染物能直接侵袭人的呼吸器官，对城市的空气污染很严重，成为大城市空气的主要污染源之一。汽车排放的废气主要有一氧化碳、二氧化硫、氮氧化物和碳氢化合物等，前三种物质危害性很大。

（3）生活炉灶与采暖锅炉。城市中民用生活炉灶和采暖锅炉需要消耗大量煤炭，煤炭在燃烧过程中要释放大量的灰尘、二氧化硫、一氧化碳等有害物质而污染大气。特别是在冬季采暖时，往往使污染地区烟雾弥漫，呛得人咳嗽，引起呼吸道疾病。

3.7 大气污染的危害

大气污染对人体的危害主要表现为呼吸道疾病；对植物可使其生理机制受抑制，生长不良，抗病抗虫能力减弱，甚至死亡；大气污染还能对气候产生不良影响，如产生酸雨、全球温室效应、降低大气能见度等。

3.7.1 大气污染对人体健康的危害

大气污染物侵入人体的渠道主要有三种：一是呼吸道吸入；二是随食品或饮用水摄入；三是由体表接触侵入。

"兰州市大气污染对儿童肺功能的影响研究"课题表明，儿童年龄越小，大气污染对其影响越大。该项研究成果还揭示出了许多新规律，如对肺功能产生危害的主要因素首先是尘，其次是二氧化硫，且细小颗粒的尘对人体危害最大。从全国的情况看，大气悬浮微粒浓度近几年约下降了一半，但是，对人体真正产生危害的细颗粒尘却呈上升趋势。

3.7.1.1 大气颗粒物

大气颗粒物的大小决定进入呼吸道时其沉积于呼吸道中的位置，化学组成决定沉积位置上对身体组织的影响。其中粒径 $0.01 \sim 1.0 \mu m$ 的颗粒物在肺泡的沉积率最高，粒径大于 $10 \mu m$ 的颗粒物只有很少部分进入气管和肺部，绝大部分被阻留在鼻腔和鼻咽喉部。颗粒物表面会浓缩和富集多种化学物质，其中有些是肺癌致病因子；重金属，如铍、铝、铅、镉、锰的化合物也会危害人体健康。若人体长期暴露在浓度高的飘尘环境中，慢性阻塞性呼吸道疾病，如气管炎、支气管炎、支气管哮喘、肺气肿等发病率会增高，患者病情恶化后会导致死亡率的增加。

此外，空气中的悬浮颗粒物能直接接触皮肤和眼睛，阻塞皮肤的毛囊和汗腺，引起皮肤炎和眼结膜炎。

3.7.1.2 氮氧化物

构成大气污染物的氮氧化物主要是 NO 和 NO_2。动物与高浓度 NO 接触会出现中枢神经病变；NO_x 主要是对呼吸器官有刺激作用，对肺的损害比较明显，进入呼吸道深部，会引起支气管哮喘；NO_2 与 SO_2 和悬浮粒状物共存时对人体影响有协同作用，危害更大。NO_2 对人体的影响如表 3-1 所示。

表 3-1 NO_2 对人体的影响

NO_2 体积分数/ $\times 10^{-6}$	NO_2 对人体的影响
0.12	人的嗅阈值。与 SO_2 共存，嗅阈值更低
1.6 ~ 2.0	15min 慢性支气管炎患者出现呼吸阻力增大
5.0	暴露 2h 出现呼吸道阻力增大和动脉血液中氧分压降低
13.0	眼和鼻再现刺激感及胸部不适感

NO_2 体积分数/ $\times 10^{-6}$	NO_2 对人体的影响
25 ~ 75	1h 以内会引起支气管炎和肺炎
80	3 ~ 5min 胸部会出现绞痛感
300 ~ 500	数分钟后会引起支气管炎和肺水肿患者死亡

3.7.1.3　硫化物

SO_2 会影响人体的新陈代谢，影响机体生长发育；大气中的 SO_2 与多种污染物共存，其危害具有协同效应。例如，在同时吸入 SO_2 与颗粒物气溶胶时，对人体危害更严重。原因是颗粒物上的 SO_2 被氧化成 SO_3，而 SO_3 与水蒸气形成极细（小于 $1\mu m$）的硫酸雾，硫酸雾造成的生理反应比 SO_2 大 4 ~ 20 倍，对肺泡有更强的毒性作用。SO_2 对人体的影响如表 3-2 所示。

表 3-2　SO_2 对人体的影响

SO_2 体积分数/ $\times 10^{-6}$	SO_2 对人体的影响
1.0	对于初接触者或习惯接触者均无反应
1.8	吸入 10min 无明显感觉，但呼吸次数有增加
3 ~ 5	能嗅到臭味
5.0	吸入 10min 对某些人有不适感
6.5 ~ 11.5	吸入 10 ~ 15min 鼻腔有刺激感
10	工业卫生最大允许浓度
10 ~ 15	吸入 1h，从咽喉纤毛排出黏液
20	有明显刺激感，刺激眼睛，引起咳嗽
25	咽喉纤毛运动有 60% ~ 70% 发生障碍
30 ~ 37	初接触者吸入 15min 后打喷嚏和咳嗽
100	每日吸入 8h，有明显刺激症状，引起肺组织障碍
100 ~ 200	吸入 30min 就出现打喷嚏和流泪的症状
400	呼吸困难

资料来源：高伟生．环境地学．北京：中国科学技术出版社，1992.

3.7.1.4　一氧化碳

CO 为无色无味的有毒气体，与血液中的血红蛋白结合的能力是氧气的 200 倍，严重阻碍血液输送，引发缺氧性中毒。长期吸入低浓度 CO 可引发头痛、头晕、记忆力减退、注意力不集中、心悸等现象。在 600 ~ 700mL/m^3 的 CO 环境中，通常 1h 后就会出现头痛、耳鸣和呕吐等现象；在 1500mL/m^3 环境中，1h 后便有生命危险。

3.7.2　大气污染对全球大气环境的影响

　　大气污染发展至今已超越国界，其危害遍及全球，对全球大气的影响明显表现为三个方面：臭氧层破坏、酸雨腐蚀和全球气候变暖。

　　距地面 20～30km 的平流层中存在一个臭氧层，它能强烈吸收阳光中的紫外线，从而保护地球生物免遭伤害。但由于工业生产中大量使用制冷剂、洗净剂等，释放出的氯氟烃气体强烈破坏臭氧层，使得臭氧层遮挡短波紫外线的功能减弱，大量短波紫外线穿过大气层直接照射到地面，杀伤地表的生物，对人类和生物的生存环境产生危害。

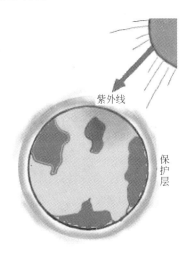

图 3-11　臭氧层破坏了

　　同时，当空气中存在大量 SO_2 或 NO_x 等酸性气体时，就会形成 pH 值为 3～4 的酸雨。酸雨使林木枝叶枯萎，植物生长受阻；建筑物腐蚀锈损，古代文物严重风化；湖泊、江河酸度提高，鱼虾类由于中毒而死亡；土壤酸化致使土壤成分受到破坏，使农林作物减产甚至死亡等。我国是一个酸雨污染灾害严重的国家，我们必须引起重视。

　　此外，大气中 CO_2、CH_4 等温室气体能吸收来自地面的长波辐射，使近地面层空气温度增高，产生"温室效应"，使地球热气无法散出，全球气温增暖，导致灾害天气增多。

3.8　我国大气污染控制常用标准与法律法规

3.8.1　《大气污染防治法（修订草案）》

　　2009 年，环境保护部组织修订《大气污染防治法（修订草案）》。草案结合当前大气污染防治的新形势以及管理的新要求，在总量控制、排污许可证管理、机动车环境管理以及处罚力度上均有重大调整。12 月 30 日，环境保护部常务会议审议并原则通过《大气污染防治法（修订草案）》，已报国务院法制办。

3.8.2　大气环境保护标准

　　根据《中华人民共和国环境保护法》和《中华人民共和国大气污染防治法》，为了改善环境空气质量，防止生态破坏，保护人体健康，我国制定了相关的大气环境保护标准，如《环境空气质量标准》（GB 3095—1996）、《室内空气质量标准》（GB/T 18883—2002）和《保护农作物的大气污染物最高允许浓度》

图3-12　大气污染防治法

（GB 9137—1988）。

　　环境空气质量标准规定了环境空气质量功能区划分、标准分级、污染物项目、取值时间及浓度限值，采样与分析方法及数据统计的有效性规定。

　　环境空气质量功能区分为三类：一类区为自然保护区、风景名胜区和其他需要特殊保护的地区；二类区为城镇规划中确定的居民区、商业交通居民混合区、文化区、一般工业区和农村地区；三类区为特定工业区。

　　空气环境质量分为三级：一类区执行一级标准，二类区执行二级标准，三类区执行三级标准。共限定了六种污染物的浓度值：SO_2、TSP、PM10、NO_x、NO_2、NO、O_3、Pb、B[a]P、F，标准同时配有各项污染物分析方法。

　　一级标准：为保护人体健康，在长期接触的情况下，不发生任何危害性影响的空气质量要求。这一级标准适用于国家规定的自然保护区、风景名胜区和其他需要特殊保护的地区（一类区）。

　　二级标准：为保护人群健康和城市、乡村的动植物在长期和短期接触情况下，不发生伤害的空气质量要求。这一级标准适用于城镇规划中确定的居民区、商业交通居民混合区、文化区、一般工业区和农村地区等（二类区）。

　　三级标准：为保护人群不发生急性、慢性中毒和城市一般动植物（敏感者除外）正常生长的空气质量要求。这一标准适用于特定工业区（三类区）。

　　目前我国根据《环境空气质量标准》（GB 3095—1996）已在北京、上海、深圳等33个重点城市率先开展了环境空气质量预报，通过大众传媒向社会公布每周的城区空气质量状况。环保部门根据监测到污染物1～24h的平均浓度转化为介于0～500的空气污染指数，并根据这一指数将空气质量分为不同的级数。

　　目前我国所用的空气指数的分级标准是：

　　（1）空气污染指数（API）50点对应的污染物浓度为国家空气质量日均值一

级标准；

（2）API100 点对应的污染物浓度为国家空气质量日均值二级标准；

（3）API200 点对应的污染物浓度为国家空气质量日均值三级标准；

（4）API 更高值段的分级对应于各种污染物对人体健康产生不同影响时的浓度限值，API500 点对应于对人体产生严重危害时各项污染物的浓度。

3.8.3 大气污染物排放标准

以实现大气环境控制标准为目的，对污染源排放的污染物做出限制，直接控制污染物排放的浓度和排放量，以防治大气污染，是环保管理部门进行环境质量监督管理的主要依据。

《大气污染物综合排放标准》（GB 16297—1996）规定了 33 种大气污染物的排放限值，给出了这些污染物的最高允许排放浓度、最高允许排放速率以及无组织排放浓度三项指标。适用于现有污染源大气污染物排放的管理，以及建设项目的环境影响评价、环境工程设计、环境保护设施竣工验收，以及投产后的大气污染物排放管理。

3.8.4 行业标准

我国也制定了很多行业标准，《火电厂大气污染物排放标准》（GB 13223—2003）、《水泥工业大气污染物排放标准》（GB 4915—2004）、《锅炉大气污染物排放标准》（GB 13271—2001）、《饮食业油烟排放标准（试行）》（GB 18483—2001）、《车用压燃式、气体燃料点燃式发动机与汽车排气污染物排放限值及测量方法（中国Ⅲ、Ⅳ、Ⅴ阶段）》（GB 17691—2005）。

综合排放标准与行业排放标准不交叉执行；无行业标准时，都执行综合排放标准。

3.8.5 地方标准

由于各地的环境质量要求不太相同，在国家制定的大气污染物排放标准的基础上，各地也制定了结合本地区大气污染控制的地方排放标准。但制定地方标准不得宽于国家标准。

如北京制定的《摩托车、轻便摩托车排气污染物排放标准》（DB11/120—2000）。

3.9 大气污染的防治途径

大气污染对人类带来的严重危害，已经引起了人们的高度重视。要防治大气污染，就要减少人为污染物的排放，我们既要提高能源利用技术及能源利用率、开发绿色新能源、使用无污染的太阳能等，更要保护森林和海洋，大量植树造林，禁止砍伐森林，采取积极、切实的措施，保护我们共同的蓝天。具体措施如下所述。

3.9.1　加大执法力度，完善环境的法律法规

对我国而言，严格按照现有的《大气污染防治法》、《城市烟尘控制管理办法》等法律，加强执法力度，对大气污染物排放超标的企业和个人依法追究其法律责任；同时对现有法律的不足，应该不断进行完善与修改。政府还可充分利用市场经济价值规律的作用，对生产者在开发中的不法行为进行法律控制，以限制其对大气污染的社会影响活动，并奖励积极治理大气污染的企业。

3.9.2　控制大气污染物的产生

首先，改善现有的能源结构。我国以煤炭为主的能源结构在短时间内不会有根本性的改变，故应优先推广型煤和低硫等洗选煤的生产和使用，降低烟尘和二氧化硫的排放量。

另外，推广使用天然气和焦化煤气、石油液化气等二次能源，并加大对太阳能、风能、地热、潮汐能和核聚变能等清洁能源的利用，从而根本解决大气污染问题。

其次，发展先进的环保生产工艺。先进的生产工艺尾气排放相对较少，而且治理工作也容易开展和管理。所以我们应制定政策逐渐淘汰落后企业，使能源流向技术先进的大中型企业，从根本上减少工艺尾气的排放。

最后，进行全面规划。根据区域经济发展将带来的环境影响和环境质量变化的趋势，制定区域经济可持续发展和改善区域环境质量的最佳规划方案；对已造成的环境污染和环境问题，制定有指令性的改善和控制环境污染最佳实施方案。

图 3-13　讨厌的汽车尾气

3.9.3 注重城市功能和工业合理布局，充分利用气象学

在布局规划中，应使重污染单位都位于城市被风波及范围之外的郊区；城市内工业区应建在城市主导风的下风区，并在工业区与居住区之间建立绿化隔离带；城市中心严格控制机动车数量，兴建并鼓励市民乘坐地铁。经常关注大气变化状况，让气象部门同工业企业保持联系，及时预报风向、风速及降雨量状况，以便企业做出相应调整，防止污染流入市民居住区。

3.9.4 加大宣传教育

普及大气保护和防治知识，提高公民对大气污染的认识程度，使公民了解大气保护和防治的意义和重要性，激发公民保护大气的热情和积极性。

图 3-14 谁来救救我

3.10 日常生活中的一些环保实例

3.10.1 绿色环保汽车

环境保护一直成为各方关注的话题，尤其是对于国内支柱性产业的汽车行业来说，在注重发展的同时，如何将对于环境的消耗减小到最少，在提高生活质量的同时，如何提高行车的燃油经济性，都是摆在各大车企面前很现实的问题。所谓绿色环保汽车，即是指无污染或者低公害的汽车。具体来说，是指一辆汽车从生产到其使命终结，整个运行过程对环境不产生污染；无排放污染物、无噪声、报废车辆的材料可回收及再生，不造成二次污染。

发展绿色环保汽车，主要有以下途径：

（1）提高现有汽油机、柴油机的性能和效率；

（2）推广小排量汽车；

（3）采用轻量化材料；

（4）开发汽车代用燃料；

（5）大力发展电动汽车。

3.10.2 减少或者防止厨房空气污染的措施

厨房的主要空气污染是燃料燃烧产物和烹饪油烟，所以减少或者防止厨房空气污染及其危害的主要措施可以分为以下两大类：

图 3-15　好绿色的车子啊！

A　减少污染物的排放

（1）在条件允许的情况下，尽量使用清洁能源。在所有燃料中，最清洁的能源为电能，其次为气态燃料、燃煤等等。

（2）使用燃烧效率高的炉灶。特别是对于燃煤地区，提高煤的燃烧效率将大大降低燃煤产物对空气的污染程度。

（3）安装减少污染的装置。如在燃用高氟煤的地区，应安装除氟减污器。

B　加强通风换气，加快污染物在空气中的扩散

加强和改善厨房的通风状况，不仅能够加快污染物的扩散，而且可以保证充足的氧气供给燃烧，从而减少某些污染物的排放。比如尽量打开窗户，或者安装排风扇或者抽油烟机等人工排风设备。

图 3-16　厨房就应该这样通风

第4章 土壤与土壤污染

4.1 我国土地资源概况

土壤是指地球陆地表面具有一定肥力且能生长植物的疏松表层。土壤与水、阳光和空气一样，是人类在地球上生存的要素之一。中国的土地面积为 $960 \times 10^4 km^2$，耕地占世界总耕地的7%。我国依靠占世界7%的耕地养活了占世界22%的人口。

正是有了土壤，我们才能生产出需要的瓜果蔬菜和粮食，使我们的生命得以延续。然而，随着我国经济的快速发展，我国的土壤污染事件也频繁发生。土壤污染是全球三大环境要素（大气、水体和土壤）的污染问题之一。

图4-1 曾经绿草如茵的土地

4.2 土壤污染事件

世界上土壤污染事件最著名的是日本的"痛痛病"。"痛痛病"又叫骨痛病，1952年，人们发现神通川里的鱼大量死亡，两岸稻田出现一片片死秧，人们并没有意识到这就是灾难的前兆。1955年，在神通川沿岸的一些地区出现了一种怪病，这种病一开始是在劳动过后腰、手、脚等关节疼痛，在洗澡和休息后则感到轻快；延续一段时间后，全身各部位都神经痛、骨痛尤烈，进而骨骼软化萎缩。这种怪病的发生和蔓延，引起人们的极度恐慌，但是谁也不知道这是什么病，只能根据病人不断地呼喊"痛啊，痛啊！"而称其为"痛痛病"。

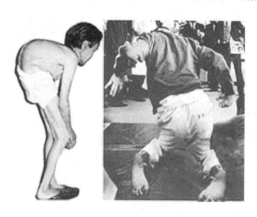

图 4-2　"痛痛病"患者

4.3　土壤污染的概念

土壤污染是指污染物在土壤的数量上超过了该物质在土壤的本底含量和土壤的环境容量，从而导致土壤的性质、组成及性状等发生变化，破坏了土壤的自然生态平衡，并导致土壤的自然功能失调、土壤质量恶化。土壤污染的明显标志是农作物在土壤的生产力下降。

图 4-3　受污染的土地

4.4　土壤污染现状

随着我国工业的发展，我国土壤污染呈上升趋势，土壤污染事件也时常发生。

1992 年 10 月和 1993 年 5 月，辽宁省沈阳冶炼厂在未经环保部门同意的情况下，两次非法向黑龙江省鸡西市梨树区转移有毒化工废渣，造成重大环境污染。此事件中，转移的废渣中含有三氧化二砷（俗称砒霜）等 10 多种有毒物质 332 吨，导致穆棱河下游约 20km^2 范围内的土壤、植物和地下水环境造成不同程度的污染。废渣倾倒现场寸草不生，26 棵 20cm 直径树木枯死，地表裸露面积达 500m^2，大约 7 公顷地表植物受到较严重污染，污染深度为 0～140cm。据专家分析，残留在废渣堆放地及其周围的砷、铜、铅、钢等重金属污染平均超标为 75 倍，其中砷的超标指数最高，是 103 倍。经专家预测，在自然状况下，要想将土壤恢复到原有水平，大概需要超过几百年，甚至几千年的时间。

图 4-4　土壤污染，危害重大

2006 年 9 月，甘肃省陇南市徽县有色金属冶炼有限责任公司周边 400m 范围内土地受到严重的污染，造成徽县水阳乡 334 名儿童血铅超标。甘肃省环保局非常重视此次事件，专门委派陇南市环保局环境监测站对徽县有色金属冶炼有限责任公司周边 400m 范围内的 7 个监测点进行土壤总铅浓度监测，得出以下结论：1～5cm 表层土壤总铅浓度为 16～187mg/kg，超出背景值 0.83～2.46 倍；15～20cm 耕层土壤总铅浓度有 3 个监测点高出背景值 0.69～1.8 倍，有两个高出背景值 5.2～12.2 倍。

另外，据株洲市国土资源局局长顾峰透露，株洲市镉污染超标 5 倍以上的土地面积达 160 平方公里以上，重度污染土地（核心污染区）面积达 34.41 平方公里。集中分布在以清水塘工业区为核心的天元区和石峰区，该范围内的农用地早已不宜继续耕作。其中，核心污染区土地面积 3441 公顷，可大致划分为四个片区：清水塘片（石峰区）、新马、响塘片（天元区）、曲尺枫溪片（芦淞区）；其中，耕地 1204.46 公顷，林地 1066.84 公顷，牧草地 7.61 公顷，园地 16.24 公顷。举个例子，株洲市新霞湾排污口下游是一个明显的高浓度镉的污染带，是因为这里长期受有色金属冶炼厂和化工厂的污染影响。国土资源部的调研数据显示，底泥含镉量最高值达 359.8g/kg，是《土壤环境质量标准》一级标准限定值的 1800 倍。

环保总局对全国 26 个省市进行了土地污染调查，重点区域是长三角、珠三角、环渤海湾地区、东北老工业基地、成渝平原、渭河平原以及主要矿产资源型城市，调查中发现，部分地区的土壤污染严重，污染类型多样，污染原因复杂，控制难度大，局部地区的土壤质量已经出现明显下降。据统计，目前受污染的耕地达到 1.5 亿亩，约占全国耕地的 1/10，每年造成的直接经济损失超过 200 亿元。

据我国农业部进行的全国污灌区调查，在约 140 万公顷的污水灌区中，遭受重金属污染的土地面积占污水灌区面积的 64.8%，其中轻度污染的占 46.7%，中度污染的占 9.7%，严重污染的占 8.4%。

图 4-5　土壤污染，房子越建越密集

4.5　土壤污染物的分类及其危害

4.5.1　有机污染物及其危害

土壤有机污染物主要是农药。目前大量使用的化学农药有 50 多种，如有机磷农药、有机氯农药、氨基甲酸酶类、苯氧羧酸类、苯酚、胺类等。按照其被分解的难易程度可分为两类：易分解类（如有机磷制剂）和难分解类（如有机氯、有机汞制剂等）。植物对农药的吸收率因土壤质地不同而异，其从砂质土壤吸收农药的能力要比从其他黏质土壤中高得多。通常农药的溶解度越大，被作物吸收也就越容易，不同类型农药在吸收率上差异较大。农药在土壤中可以转化为其他有毒物质，如 DDT 可转化为 DDD、DDE。残留农药可通过食物链转移到人体内，经过长期积累会造成慢性中毒，引起内脏机能受损，使人体的正常生理功能发生失调，影响身体健康，特别是杀虫剂能造成致癌、致畸、致突变"三致"问题。

此外，石油、多环芳烃、多氯联苯、甲烷等，也是土壤中常见的有机污染物。利用未经处理的含油、酚等有机毒物的污水灌溉农田，会使植物生长发育受阻。例如，用未经处理的炼油厂废水灌溉，结果水稻严重矮化。初期症状是叶片披散下垂，叶尖变红；中期症状是抽穗后不能开花受粉，形成空壳，或者根本不抽穗；正常成熟期后仍在继续无效分蘖。

4.5.2 重金属污染及其危害

2000 年，我国对 30 万公顷基本农田保护区土壤有害重金属抽样监测，其中3.6 万公顷土壤重金属超标，超标率达 12.1%。那么土壤里面的重金属是怎么来的呢？

重金属污染土壤的途径主要有两条，一是使用含有重金属的废水进行灌溉；二是重金属粉尘随大气沉降落入土壤。土壤一旦被重金属污染，其自然净化过程和人工治理都是非常困难的。植物对重金属吸收的有效性，受重金属在土壤中活动性的影响。一般情况下，土壤中有机质、黏土矿物含量越多，盐基代换量越大，土壤的 pH 值越高，则重金属在土壤中活动性越弱，重金属对植物的有效性越低，也就是植物对重金属的吸收量越小。

土壤里面的重金属对植物的生长和发育造成严重的障碍。比如，土壤中含砷量较高时则可阻碍树木的生长，使树木提早落叶、果实萎缩、减产；含锌污水灌溉农田会对农作物特别是小麦的生长产生较大影响，造成小麦出苗不齐、分蘖少、植株矮小、叶片发生萎黄。

重金属不能被微生物分解，而且可为生物富集。土壤中的重金属被植物吸收以后，可通过食物链危害人体健康。例如，1955 年日本富山县发生的"镉米"事件，就是农民长期使用神通川上游铅锌冶炼厂的含镉废水灌溉农田，导致土壤和稻米中的镉含量增加。当人们长期食用这种稻米，导致镉在体内蓄积，从而引起全身性神经痛、关节痛、骨折，以至死亡。

4.5.3 放射性元素污染及其危害

放射性元素是能够自发地从不稳定的原子核内部放出粒子或射线（如 α 射线、β 射线、γ 射线等），同时释放出能量，最终衰变形成稳定的元素而停止放射的元素。它主要来源于大气层核试验的沉降物，以及原子能和平利用过程中所排放的各种废气、废水和废渣。土壤中的放射性元素的物质来源于自然沉降、雨水冲刷和废弃物的堆放。土壤一旦被放射性物质污染就难以自行消除，只能自然衰变为稳定元素，而消除其放射性。

放射性元素可以被某些植物富集，可以通过食物链经消化道进入人体，或者经呼吸道进入人体。一旦进入人体，其通过放射性裂变而产生的射线，特别是长寿命的放射性核素因衰变周期长，将对机体产生持续的照射，使人体的一些组织细胞遭受破坏或变异，例如，使受害者头昏、疲乏无力、脱发、白细胞减少或增多，发生癌变等。

4.5.4　土壤生物污染及其危害

　　土壤生物污染是指一个或几个有害的生物种群，从外界环境侵入土壤，大量繁衍，破坏原来的生态平衡，或给人体造成不良的影响。

　　造成土壤生物污染的污染物主要是未经处理的粪便、垃圾、城市生活污水、饲养场和屠宰场的污物等，其中危险性最大的是传染病医院未经处理的污水和污物。因为这些污染物含有大量的细菌和病毒，会使植物和人体都受到严重的损害。例如，甘薯茎线虫，黄麻、花生、烟草根结线虫，大豆胞囊线虫，马铃薯线虫等都能经土壤侵入植物根部引起线虫病。除此之外，某些致病真菌污染土壤后能引起大白菜、油菜、芥菜、甘蓝、荠菜等 100 多种蔬菜的根肿病，或者引起茄子、棉花、黄瓜、西瓜等多种植物的枯萎病等。人们吃了感染病菌的食物，会出现各种不适的症状，甚至使人丧命。所谓，病从口入，就是这个道理。

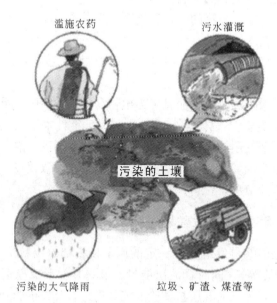

图 4-6　是谁污染了土壤？

　　总之，土壤污染的危害在于它可导致土壤的组成、结构和功能发生变化，进而影响植物的正常生长发育，造成有害物质在植物体内累积，并可通过食物链进入人体危害人体健康。防止土壤生物污染的主要措施是先将人畜粪便及污泥经无害化的灭菌处理后，再施加于土壤中。

4.6 我国土壤环境标准与法律法规

4.6.1 土壤环境质量标准

防止土壤污染，保护生态环境，保障农林生产，维护人体健康，我国已经制定了一些相关标准，如土壤环境质量标准（GB 15618—1995）、拟开放场址土壤中剩余放射性可接受水平规定（暂行 HJ 53—2000）、食用农产品产地环境质量评价标准（HJ 332—2006）、温室蔬菜产地环境质量评价标准（HJ 333—2006）、展览会用地土壤环境质量评价标准（暂行）（HJ 350—2007）。如 GB 15618—1995，按土壤应用功能、保护目标和土壤主要性质，规定了土壤中污染物的最高允许浓度指标值及相应的监测方法，这对于保护农田、蔬菜地、茶园、果园、牧场、林地、自然保护区等地的土壤起到了重要作用。

4.6.2 法律法规

虽然我国土壤污染很严重，但是，目前还没有关于土壤污染修复和赔偿的具体法律规定，对企业也没有约束，即使土壤被污染了，也很难追究责任。

环境保护部 2008 年发出"关于加强土壤污染防治工作的意见"，要求到 2015 年，基本建立土壤污染防治监督管理体系。

国家环保部已经起草《土壤污染防治法》并开展调研，一旦该法颁布实施，土地污染风险评估将有法可依。

图4-7　土壤防治法律法规

4.7 土壤污染的防治

保护土壤，人人有责。我们可以从以下措施来防治土壤污染。

4.7.1 控制进入土壤污染源

控制进入土壤污染源，即控制进入土壤的污染物的数量和速度，使其在土体中自然降解，不致迅速大量地进入土壤，引起土壤污染，这是防止土壤污染的根本措施。主要包括加强灌区的监测和管理，合理使用农药与化肥，对残留量高、毒性大的农药，应控制使用范围、使用量和使用次

图4-8　保护地球土壤，人人有责

数；控制工业"三废"排放，使之符合排放标准。同时，应该大力制备和发展高效、低毒和低残留的农药新品种或者探索和推广生物防治作物病虫害的途径。

图4-9　我不喜欢农药，少来亲近我！

4.7.2　加强稻田的灌水管理

水稻田的氧化还原状况，可控制水稻田中重金属的迁移转化。土壤在干燥的情况下，是氧化状态，S^{2-}被氧化成SO_4^{2-}，土壤pH值降低，镉可溶入土壤转化为植物易吸收的形态，而促进了对镉的吸收。铜、锌、铅等重金属元素均能与土

壤中的 H_2S，产生硫化物沉淀。水稻田在湿润的情况下，处于还原条件，S^{2-} 与 Cd^{2+} 形成难溶解的 CdS 沉淀，使镉进入植物的几率大大减少。因此，加强稻田的灌水管理，可有效地减少重金属的危害。

4.7.3 改变土壤环境条件

如改变耕作制，采用变革耕作制度、深翻等措施可消除某些污染物的毒害。比如被重金属与难分解的农药严重污染的土壤，在面积不大的情况下，也可采用换土法，这是目前彻底清除土壤污染的最有效手段，必须指出的是，对换出的污染土壤必须妥善处理，防止次生污染；实行水旱轮作，也是减轻或消除农药污染的有效措施。通过实践研究发现：DDT 和六六六在旱田中降解速度慢、积累明显、残留量大，改水田后 DDT 降解加快，仅 1 年左右土壤中残留的 DDT 已基本消除；此外进行深翻，将污染土壤翻到下层（掩埋深度应根据不同作物根系发育特点，以不致污染作物为原则），也是污染土壤实施治理复耕的有效途径之一。

4.7.4 施加抑制剂

我们知道，氢氧化镉的 pH 值在 10 以上才能完全沉淀；pH 值大于 6.5 时汞就能形成氢氧化物和磷酸盐沉淀；钙离子能防止汞离子争夺植物根表面的代换位置，使植物吸收汞明显减少。因此，对污染的土壤可以施加某些抑制剂，可改变污染物在土壤中的迁移转化方向，促进某些有毒物质的移动，或转化为难溶物质，而减少作物吸收。常用的控制剂有石灰、碱性磷酸盐等。经研究发现，碱性磷酸盐可与土壤中的镉作用生成磷酸镉沉淀；施用石灰石，稻谷含镉量可降低 30% 左右。此外，石灰还可以使作物降低对放射性物质的吸收达 70% ~80%。

4.7.5 生物防治

生物防治是通过生物降解或吸收而净化土壤，提高土壤净化能力的重要措施之一。研究分离和培育新的微生物品种，可以增强生物降解作用。目前，国内外对于土壤的生物防治已经取得了重大的成果。比如美国分离出能降解三氯丙酸或三氯丁酸的小球状反硝化菌种；日本研究出土壤中红酵母和蛇皮藓菌，能降解剧毒性聚氯联苯达 40% 和 30%；意大利从土壤中分离出的某些菌种，从中抽取出酶复合体，能降解除草剂。此外，我们还发现，某些鼠类和蚯蚓对一些农药也有降解作用；羊齿类铁角蕨属的一种植物，有较强的吸收土壤中重金属的能力，对土壤中镉的吸收率可达 10%，连种多年，可降低土壤含镉量。然而，应用微生物和其他生物降解各种污染物的处理技术在目前的应用还不够广泛，仍需进一步探索。

图 4-10   善待土地

第5章 化学污染与环境保护

伴随着化学工业的飞速发展，人类文明不断进步。然而，地球——我们的家园的环境却在不断的恶化。在科技领域，没有哪一门学科像化学这样，功与过、善与恶表现得如此对立，它给我们带来了便捷和舒适的同时，也给我们带来了灾难和痛苦。在日常生活中产生化学污染的物质包括天然存在的化学物质、人工添加的化学物质和外来污染的化学物质，这些物质通过其环境行为，对环境以及人类的健康产生影响而备受世人的关注。

图 5-1　鱼类的悲哀！

5.1　天然存在的化学物质

天然存在的化学物质在自然界中有很多，通常大多数天然存在的化学物质以天然的浓度广泛存在于自然界中，对环境影响不大，然而有些天然的化学物质是含有毒性的，普遍存在于动物、植物和微生物中，危害人们的健康。另一些化学物质具有放射性，普遍存在于自然界中，它们在地质形成过程中捕获大量放射性元素，这些物质用于住房装饰中会释放一种无色无味的惰性气体氡，据不完全统计，我国每年因氡致肺癌为 50000 例以上。除此之外，经过日积月累形成的硅酸盐类矿物质以天然浓度存在于自然界中，被用作建筑材料广泛用于生活中，然而它极易破碎成细微的纤维和尘状颗粒物，而造成空气污染，对人体健康产生威胁。

5.1.1　天然毒素

5.1.1.1　典型事件

A　两土豆险夺三人生命

海口晚报报道，2007 年 8 月 23 日中午，数年前从湖南随丈夫来到海南的陈女士与 16 岁的女儿小茜留老乡龙女士在家吃饭，其中有一盘菜是两个土豆和几个青椒炒成的土豆丝。做成菜的那两个土豆是两天前买的，看起来没有什么问题，可是吃过饭后十来分钟，陈女士就感觉晕晕沉沉，便躺在床上休息，不一会儿就开始上吐下泻。中午 1 时，陈女士 3 人被救护车送到省农垦总局医院抢救，到医院时陈女士的女儿已经有点神志不清了，3 人全身皮肤已经变成青紫色，嘴唇、四肢、血液发黑、意识模糊、生命体征微弱，如果不及时采取有效措施，随时有生命危险。通过医务人员对陈女士等人的检验，发现她们 3 人胃中都含有大量龙葵素，原来这是来自她们中午食用的土豆所导致的中毒。龙葵素又称龙葵碱，土豆中是含有龙葵素的。一般情况下，成熟的土豆中龙葵素的含量为 0.005% ~ 0.01%，随着土豆存储时间的增加，它里面含的龙葵素的比例也随之增加；当土豆发芽后，它幼芽和芽眼部分的龙葵素含量会高达 0.3% ~ 0.5%，只要食用 0.2 ~ 0.4g 龙葵素，便可引起中毒。所以在挑选、食用土豆时，不要吃青绿、发黑、发芽、萎蔫的土豆，吃土豆时一定要削皮，防止龙葵素中毒。

B　"都是柿饼惹的祸"

1988 年 3 月 29 日某乡中心小学购买柿饼 560kg，这批柿饼已部分霉变，是两个多月前由河南省运来。3 月 30 日上午 12 时分售给学生进食。10 分钟后，学生陆续出现腹痛、腹泻、头昏、全身不适等现象，下午 8 时，全校共 564 人进食柿饼，先后共发病 114 人，发病率为 26.5%，学生 3 人将同批柿饼带回去给家人吃后亦出现中毒。后经研究发现，这主要是由圆弧青霉毒素所引起的中毒。圆弧青霉毒素是由圆弧青霉这种微生物代谢产生的化学物质。圆弧青霉在自然界分布较广，极易在保藏不当的含糖食物中繁殖产毒，污染食品，食用了这些受毒素污染的食物可使人和动物发生急慢性中毒，此外还有致突变性和致癌性。

从以上案例可以看出，这些天然存在的化学物质并不都是无毒无害的，在稍微不注意的情况下会导致危害，这些物质在生活中随处可以见到，所以我们应该认识一下这些天然存在的化学物质的基本知识。

通常，人们会认为天然的是没有毒性或者毒性很小，但是动物、植物和微生物在进化过程中为对付天敌，在体内会产生

图 5-2　污染的水果

一定的化学物质，这种化学物质天然毒素是自然存在于生物体内的化学物质，人们通过食用带有天然毒素的生物会导致中毒。这些天然毒素主要为植物毒素、动物毒素和微生物毒素。

5.1.1.2 天然毒素的来源与危害

A 植物毒素

植物是人类赖以生存的粮食、蔬菜、水果的来源，也是动物饲料的来源，许多医药和兽药也来自植物，但是不少植物能够自行合成抗虫的毒剂，这些天然毒素如果多吃，一样会置人于不健康的威胁下。常见存在于植物当中的天然化学毒素有：毒蕈毒素、秋水仙碱、龙葵素、苦杏仁苷以及皂素等。

（1）毒蕈毒素。毒蕈毒素存在于蘑菇中。在我国有毒蘑菇百余种，主要是速发型和迟发型，一种蘑菇可能含有多种毒素，一种毒素可能存在于多种蘑菇中。这些毒素会引起胃肠炎、神经精神症、溶血症、实质性脏器受损及类植物日光性皮炎等疾病。

（2）秋水仙碱。鲜黄花菜中含有秋水仙碱，因为鲜黄花菜是植物的花，在开花前收割，秋水仙碱主要在其根部。秋水仙碱是一种生物碱，本身无毒性，但进入胃肠道后被氧化成二秋水仙碱，能强烈刺激胃肠和吸收系统。成人如果一次食入 $0.1 \sim 0.2mg$ 的秋水仙碱，即可引起中毒。一旦中毒，便会出现咽干、胃灼热、口渴、恶心、呕吐、腹痛、腹泻等症状，严重者可出现便血、尿血或尿闭等现象，如果一次食入 20mg 的秋水仙碱就可致人死亡。潜伏期一般为 $0.5 \sim 4h$。

（3）龙葵素。龙葵素是一种生物碱。马铃薯块茎受光照时，皮层表面逐渐变成绿色，同时会产生龙葵素。马铃薯中含有的龙葵素，平时含量极微，一旦发芽，芽眼、芽根龙葵素的含量急剧增高，可高出平时含量的 $40 \sim 70$ 倍。吃极少量龙葵素对人体不一定有明显的害处，但是如果一次食入约半两已变青、发芽的土豆，经过 15 分钟至 3 小时就可发病。最早出现的症状是口腔及咽喉部瘙痒，上腹部疼痛，并有恶心、呕吐、腹泻等症状。

（4）苦杏仁苷。苦杏仁含苦杏仁苷约 3%。苦杏仁苷属氰苷类，大鼠口服半致死量为 $0.6g/kg$，在苦杏仁苷酶作用下，可水解生成氢氰酸及苯甲醛等。氢氰酸能抑制细胞色素氧化酶活性，造成细胞内窒息，并首先作用于延髓中枢，引起兴奋，继而引起延髓及整个中枢神经系统抑制，造成呼吸中枢麻痹而死亡。苦桃仁、亚麻仁、杨梅仁、李子仁、樱桃仁、苹果仁中也含有类似苦杏仁苷的毒素。

（5）皂素。皂素普遍存在于豆类中，扁豆（包括芸豆、四季豆等）和黄豆是人们普遍食用的蔬菜，一年四季都有。生的扁豆、芸豆和黄豆中含有一种皂素，它多在豆的外皮里，是一种破坏红细胞的溶血素，并对胃肠黏膜有强烈的刺激作用，人食用后很快会出现中毒现象。扁豆越老，毒素就越多。

B 海洋毒素

最常见的海洋毒素有由河豚、蟹类及一些有毒贝类所产生的麻痹性神经毒素，有由岩沙海葵产生的岩沙海葵毒素（PTX），属聚醚类毒素，具有很强的心脏毒性和细胞毒性。此外，由一些藻类产生的毒素使鱼类、贝类受污染，人们吃了这些毒素污染的食物容易引起食物中毒。

（1）河豚毒素。河豚毒素是一种弱碱性动物生物碱，为非蛋白质神经毒素，集中于动物卵巢、肝脏、肾脏、血液、眼睛、鱼鳃及皮肤中。通常只需达到氰化钾五百分之一的量就可置人于死地，中毒的人会因神经麻痹窒息而死，其中，毒素直接进入血液中毒死亡速度最快。河豚毒素比较稳定，用盐腌、日晒、一般加热烧煮等方法都不易消除。

（2）鱼肉毒素。鱼肉毒素主要来源于含有高组胺鱼类，如蓝圆鲹、鲐鱼、金枪鱼、沙丁鱼等体内。主要因鱼质腐败，腌制不透或未去内脏而引起。污染于鱼体的细菌如组胺无色杆菌，产生脱羧酶，使组胺酸脱羧生成组胺。人通过食用这些鱼肉会出现中毒。

（3）贝类毒素。贝类毒素是由于双壳贝类滤食了有毒的浮游藻类在贝类体内积聚而成。贝类毒素主要在肝脏、胰腺、中肠腺等部位富集。日本东风螺、香螺、织纹螺、泥螺、荔枝螺、紫贻贝、加州贻贝、扇贝、长牡蛎、蛤仔、扇蛤等都含有毒素。贝类毒素按其致病症状分为腹泻性贝毒（DSP）、麻痹性贝毒（PSP）、神经性贝毒（NSP）和记忆丧失性贝毒（ASP）。

食用了被污染的贝类可以产生各种症状，这取决于毒素的种类、它们在贝类中的浓度和食用被污染贝类的量。在麻痹性贝类中毒的病例中，临床表现多为神经性的，包括麻刺感、烧灼感、麻木、嗜睡、语无伦次和呼吸麻痹；而 DSP、NSP 和 ASP 的症状更加不典型。DSP 一般表现为较轻微的胃肠道紊乱，如恶心、呕吐、腹泻和腹痛，并伴有寒战、头痛和发热；NSP 既有胃肠道症状又有神经症状，包括麻刺感和口唇、舌头、喉部麻木，肌肉痛，眩晕，冷热感觉颠倒，腹泻和呕吐；ASP 表现为胃肠道紊乱（呕吐，腹泻，腹痛）和神经系统症状（辨物不清，记忆丧失，方向知觉的丧失，癫痫发作，昏迷）。

C 微生物产生的化学毒素

在农业商品中发现了许多自然毒素。总的来说，这些毒素都是微生物造成的。微生物在自然界中广泛存在，并不是所有的微生物都有毒，可只要在一定的外部条件下，如水活度情况、温度条件及氧气等条件合适的情况下，就会产生毒素。在各方面条件合适的情况下，微生物毒素会直接进入食品中。如谷物和小麦的生长，微生物毒素也可以间接进入食物链，如导致动物误食受污染的食物，而使微生物类通过以动物为源的食品如奶、奶酪继续延续下去。

（1）黄曲霉毒素。黄曲霉毒素可存在于多种热带或亚热带地区出产的食品内。首先，最常发现含有黄曲霉毒素的是花生，霉变花生中的黄曲霉毒素还会污染花生油和花生酱等制品；其他食品还有玉米、无花果、果仁及其他谷物中也较常见。其次，用霉变的玉米喂饲畜禽，黄曲霉素会在动物组织中蓄积，通过食物链的方式危害人体健康。第三，近几年来，不仅在粮食和油料作物中发现了黄曲霉毒素，而且在酒类、酱油、豆酱等部分调味品、饮料以及食品工业用的酶制剂中也都相继发现黄曲霉毒素。黄曲霉毒素是一种毒性极强的霉菌毒素，主要损害肝脏并有强烈的致癌、致畸、致突变作用。长期摄取黄曲霉毒素与患肝癌有密切关系。近几年的调查表明，在非洲、中国和东南亚发生的肝癌与某些食物中黄曲霉素含量高有直接关系。在现今社会里，人类因摄取到黄曲霉毒素而引起急性中毒的个案较罕见。

（2）3-硝基苯酸。3-硝基苯酸是由节菱孢霉真菌所产生的毒素，存在于变质的甘蔗中。当大量的甘蔗在缺乏通风条件的场所中堆积发热，会使得甘蔗所携带的节菱孢霉在适应的温度湿度环境下繁殖、产毒。据不完全资料统计，截止到1989年，该毒已流行于我国13个省，共计发病178起，中毒884例，死亡88人，病死率约为9.95%，患者多为儿童。

（3）麦角菌毒素。主要由寄生于麦类的子穗和禾本科植物子房内的真菌所产生。世界范围内被该菌寄生的植物主要有小麦、大麦、黑麦、大米、小米、玉米、高粱和燕麦等。

由此可见，这些天然存在的化学物质并不都是无毒无害的，它们以一定的方式存在自然界中，通过对我们身边环境的污染与传播危害着我们身体健康，我们该如何预防这些物质伤害我们的健康以及对环境的危害呢？

5.1.1.3　天然毒素的预防措施

A　植物毒素

（1）应通过科学普及教育，使群众能识别毒蕈而避免采食。一般而言，凡色彩鲜艳，有疣、斑、沟裂，生泡流浆，有蕈环、蕈托及奇形怪状的野蕈皆不能食用。切勿采摘自己不认识的蘑菇食用，毫无识别毒蕈经验者，千万不要自采蘑菇。

（2）植物的贮藏要适当，马铃薯要储存在低温、无阳光直射的地方，发芽的马铃薯不能吃。

（3）制作或烹饪要适当。要煮熟、蒸透后方可食用。

（4）扔掉变色、变质或异常苦味的食物。

B　海洋毒素

（1）不可随意食用沿海地区捕捞的不认识或未吃过的鱼类，确认为无毒鱼

种后方可食用；

（2）不可打捞受污染水体的鱼类产品；

（3）要合理加工鱼类，卵巢及肝脏等部分要完整地去除，不可割破；

（4）注意烹调方法，放适量的醋或山楂。

C　微生物产生的毒素

（1）加强田间管理。清除杂草，防治地下害虫。

（2）挑除霉粒。将发霉、变质、破损或虫蛀的食物去除。

（3）选用抗性品种。选择对微生物有抵抗力的农作物品种。

（4）贮存要适当。桃仁、果仁、谷物贮藏在密封和干燥的地方，贮藏过程中有效控制措施为防潮。

5.1.2　放射性物质

我们生活的地球上，有些元素是具有放射性的，它们分布并不均匀。土壤、岩石由于地质历史和形成条件的不同，或多或少存在着放射性元素。我们所居住的家是由各种建筑材料所建成的，这些来源于土壤、岩石的材料就不可避免地含有一定的天然放射性元素，它们为我们挡风遮雨的同时，对室内环境构成潜在的污染危害。20 世纪最神秘的悬案之一便是，那些进入金字塔的人，不久就会暴病而亡。千百年来人们都说是古埃及人在金字塔下了毒咒。直到加拿大和埃及科研人员在金字塔发现了氡气，才使金字塔之谜大白于天下。那么，氡——真的那么可怕吗？

5.1.2.1　氡污染案例——购房两年不入住只是因为氡

单先生购得一住宅，由于偶尔从报纸上得知，深圳的一位购房者由于长期居住在含氡量严重超标的商品房里，诱发其孩子患白血病的事件，便对房间的空气质量进行了测试。测试结果显示房屋含氡气 554Bq/m³，超国家规定的 200Bq/m³ 一倍多。单先生开窗三个月，又请了另外一家检测公司进行检测，结果测试结果与上次所测试一样，因此，与发展商交涉，最终因协商不成将发展商告上法庭。

实际上，1994 年以来，我国对 14 座城市的 1524 个写字楼和居室进行了调查，氡含量超过国家标准的占 6.8%，其中氡含量最高达到 596Bq，为国家标准规定容许值的 6 倍。有关部门曾对北京地区公共场所进行了室内氡含量的监测，测量结果是室内氡含量最高值为室外氡含量的 3.5 倍。2010 年，据加拿大卫生部发布 7% 的家庭住所室内氡含量超标，加拿大的国家标准是室内每立方米空气中氡含量不超过 200Bq。由此可见，氡的存在所造成的污染是屡见不鲜，那么，氡气到底是什么东西？我国对此有什么标准？它对我们的身体到底产生哪些危害？当发现氡气超标时，我们又该如何来面对？

图 5-3 氡气来了，快赶走它们!

5.1.2.2 室内氡的特性及来源

随着人民生活水平的提高，城市建设、住宅工程以及装饰材料所造成的放射性污染受到人们的广泛关注，其中氡污染问题已十分严重。它是一种无色、无味、无臭的气体，是由铀、镭、钍等放射性元素衰变的一种产物。它能溶解于水和许多液体，还能溶解于血液和脂肪。常温下氡及其子体在空气中能够形成放射性气溶胶，称为氡射气而污染空气。氡气很容易被呼吸系统截留，并在局部范围内不断累积，引发肺癌及其他病变。

室内氡气主要产生于房基下的岩石和土壤中的物质以及含放射性元素较高的建筑材料或装修材料。室内的氡有 96% 来源于地基，房间所接触的岩石或土壤。其余来自有放射性的建筑材料，如花岗岩、水泥及石膏之类，特别是含有放射性元素的天然石材，易释放出氡。陶瓷能够创造出和谐的自然美的色彩与情趣，且具有装饰居室作用而受青睐。陶瓷的原料中或多或少也存在着这类放射性元素。

5.1.2.3 室内氡气的危害

作为环境中的隐蔽杀手——氡，其危害不亚于核辐射污染。英国学者认为氡对人类造成的危害比切尔诺贝利核电站事故还严重，在美国每年肺癌的死者中有 8%～20% 是由氡污染所致。近年来我国安徽蚌埠市，肺癌发病率居高与地质断裂带有关，该地质断层的氡含量偏高，而近几年蚌埠新修了不少建筑，一般是空间狭窄的房屋，通风情况非常差，使得该市受氡污染比较严重。氡气污染对人体的危害主要表现在两方面，即体内辐射与体外辐射。

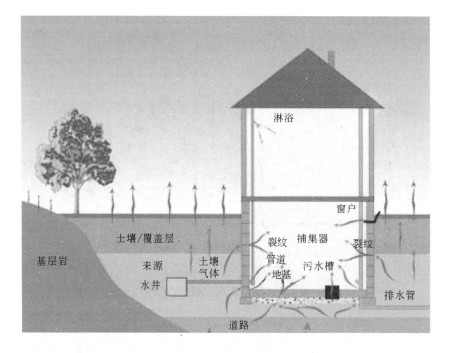

图 5-4　室内氡气的运动

A　体内辐射

氡在作用于人体的同时会很快衰变成人体能吸收的核素，进入人的呼吸系统造成辐射损害，诱发肺癌。多数报告居室内氡浓度增加可诱发肺癌发病率的增加，氡已成为人们患肺癌的主要原因。有研究表明，它是除吸烟以外引起肺癌的第二大因素，世界卫生组织把它列为 19 种主要的环境致癌物质之一，国际癌症研究机构也认为氡是室内重要致癌物质。另外，氡还对人体脂肪有很高的亲和力，从而影响人的神经系统，使人精神不振，昏昏欲睡。

B　体外辐射

体外辐射主要是天然石材中的辐射体直接照射人体后产生一种生物效应，会对人体内的造血器官、神经系统、生殖系统和消化系统造成损伤。

5.1.2.4　我国室内氡的相关控制标准

我国已实施的室内氡浓度相关控制标准包括：《住房内氡浓度控制标准》（GB/T 16146—1995）；《新建低层住宅建筑设计与施工中氡控制导则》（GB/T 17785—1999）；建材和地热水控制标准《建筑材料放射性核素限量》（GB 6566—2001）；《民用建筑工程室内环境污染控制规范》（GB 50325—2001）；《地下建筑氡及其子体控制标准》（GBZ 116—2002）；《室内空气质量标准》（GB/T 18883—

2002）和《地热水应用中放射卫生防护标准》（GBZ 124—2002）。

这些标准规定了氡浓度的限制，如，GB/T 18883 是一部综合性的室内空气质量控制标准，适用于住宅、办公建筑物以及其他室内环境，要求 222Rn 的行动水平为 $400Bq/m^3$（年平均值、实测浓度）。

GB 50325 适用于新建、扩建和改建的民用建筑工程室内环境污染控制，该标准将民用建筑工程划分为 I 类和 II 类，I 类包括住宅、医院、老年建筑、幼儿园、学校教室等；II 类包括办公楼、商店、旅馆、文化娱乐场所、书店、图书馆、展览馆、体育馆、公共交通等候室、餐厅、理发店等。I 类和 II 类 222Rn 浓度（实测浓度）应分别小于 $200Bq/m^3$ 和 $400Bq/m^3$。GB/T 18883 和 GB 50325 控制的氡仅是 222Rn，不考虑 222Rn 的其他同位素以及氡子体。

5.1.2.5 氡污染防止措施

A 建筑装饰材料的合理搭配

不要在房间里大面积地使用石材、地板砖、瓷砖等存在放射性物质的建筑材料。装修选材，要选择氡含量低的材料。我国《室内空气质量标准》中规定新建的建筑物种每立方米空气中氡气浓度的上限值为 400Bq。

建筑材料的选择，在建筑施工和居室装饰装修时，尽量按照国家标准选用低发射型的建筑和装饰材料。我国规定建筑材料的辐射量为 $51.6 \times 10^{-4} \mu C/kg$。

B 合理选择地基

地基选择时，避开含氡量高的地带。在设计和施工以前，对其地基进行放射性物质测量和评估。岩石和土壤是环境中氡的主要来源之一，酸性岩（如花岗岩）一般比沉积岩（如石灰岩、红色砂岩）所含的氡浓度高，所以应建在沉积岩上；而正变质岩（如花岗片麻岩）比副变质岩（如大理石）的氡含量更高，所以相对应建在副变质岩上。另外，铀矿化（床）或油气田地下流经的地方，室内氡浓度也较高，不宜建房。

C 做好室内的通风换气

做好室内的通风换气，这是降低室内氡浓度的有效方法。每天早晨开窗半小时，加强室内空气对流，可以简便易行而又行之有效地降低氡浓度。

5.1.3 硅酸盐矿物质

石棉是硅酸盐类纤维状矿物，是天然的纤维状硅酸盐类矿物质的总称。过去常被制成石棉瓦铺盖屋顶，现在天花板、地面和墙壁上都含有石棉的材料用于防火、隔音、绝热及装潢。一些建材、装饰材料如乙烯基塑料地板也能散发细小石棉纤维。石棉极易破碎成细微的纤维和尘状颗粒物，悬浮在空气中的时间可达数月之久，造成空气污染。已被国际研究中心列为致癌物。

5.1.3.1　石棉污染来源

多数隔音材料、管路的绝热都是石棉制品，一些旧住宅内的天花板采用石棉制品，当这些石棉材料被拆修、切割、重塑时会有大量细小的石棉纤维飘散在空气中。还有一些建材、家具材料如石棉水泥、乙烯基塑胶地板都能散发细小的石棉纤维。

5.1.3.2　石棉污染的危害

德国在 1980～2003 年期间，与石棉相关的职业病造成了 1.2 万人死亡；法国每年因石棉致死达 2000 人；美国在 1990～1999 年期间报告了近 20000 个石棉沉着病例。我国温石棉在车间空气中的阈限值为 2 个纤维/立方厘米。石棉本身并无毒害，它的最大危害来自于它的纤维，这是一种非常细小，肉眼几乎看不见的纤维，当这些细小的纤维被吸入人体内，就会附着并沉积在肺部，造成肺部疾病，石棉已被国际癌症研究中心肯定为致癌物。暴露于（长期吸入）一定量的石棉纤维或元纤维可引发下列疾病：肺癌、胃肠癌；间皮癌-胸膜或腹膜癌；石棉沉着病-因肺内组织纤维化而令肺部结疤（石棉肺）；与石棉有关的疾病症状，往往会有很长的潜伏期，可能在暴露于石棉大约 10～40 年才出现（肺癌一般 15～20 年、间皮瘤 20～40 年）。

5.1.3.3　石棉污染的防治措施

（1）制订石棉的排放标准和最高容许标准。目前我国的相关标准有《石棉制品厂卫生防护距离标准》（GB 18077—2000）；《车间空气中石棉纤维卫生标准》（GB 16241—1996）；规范有《石棉作业职业卫生管理规范》（GBZ/T 193—2007）。根据 GB 16241—1996 规定，车间空气中石棉纤维的最高容许浓度为 1.5f/mL，车间空气中石棉纤维的时间加权平均容许浓度为 0.8f/mL。

（2）城市中禁止兴建石棉及石棉加工厂，已建工厂则增设高效除尘装置，加强个人防护和定期体检。

（3）禁止喷涂含有石棉纤维的耐火材料。

（4）严禁将石棉垃圾倾入江河湖海等水域。

5.2　人工添加的化学物质

在日常生活中，为了增加食品的营养范围和强化食品的营养深度和满足特殊需要都会人为地添加各种化学物质，如为提高营养价值，在牛奶中添加维生素 D 或铁、锌、钙等；为发色或防腐，在香肠中加入亚硝酸钠；在肉罐头和香肠中加入维

图 5-5　人们并不知道我们的存在，嘻嘻

生素 C 则是为阻断肉食品中亚硝胺的生成；为提高动物生产性能，保证动物健康添加少量或微量物质等。这些添加剂已经成为生产中不可缺少的环节，但是大部分添加剂都是化学合成的物质，都含有一定的毒性。当人为添加的化学物质超过了国家相关标准规定的安全含量或在加工生产过程中加入有毒害的化学物质时，就会危及到人体健康。近几年我国频频发生食品安全方面的事情。

5.2.1 食品添加剂

5.2.1.1 我国重大食品安全事件

A 瘦肉精中毒事件

1998 年 5 月，一名香港同胞宴请客人，因食用了内地供应的猪内脏而造成 17 人中毒的事件，经香港《东方日报》等传媒报道，揭开了瘦肉精在中国危害的黑幕。同年中国内地也发生了瘦肉精中毒事件，从外地回广州探亲的王小姐一家 6 口进食了含瘦肉精的猪肝后，发生手脚颤抖、头痛、气促等不适。此后几年，在北京、上海、广州等地都出现了不同程度的瘦肉精中毒事件。2001 年 3 月至 9 月期间，广东河源某饲料公司因购买瘦肉精（即盐酸克伦特罗）生产猪用混合饲料，导致 11 月 7 日河源 484 名市民因食肉中毒。2006 年 9 月开始，上海市发生多起因食用猪内脏、猪肉导致的疑似瘦肉精食物中毒事故。一批来自浙江海盐县瘦肉精超标猪肉和内脏共导致上海 9 个区 336 人次中毒。2009 年 2 月 19 日，广州又出现瘦肉精中毒事件，累计发病人数增加到 70 人。2011 年，出现了双汇瘦肉精事件。（瘦肉精：学名盐酸克伦特罗，是一种平喘药，是肾上腺类神经兴奋剂，对心脏有刺激作用，扩张支气管平滑肌，服用含此物质的食物后，会有心悸，面颊、四肢肌肉颤动，手抖甚至不能站立，头晕，乏力的症状。）

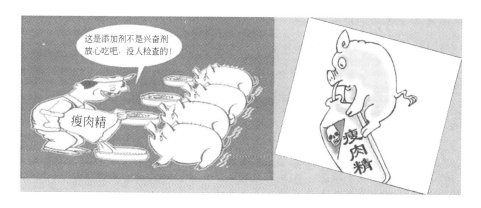

图 5-6 瘦肉精这样来的

B 毒瓜子事件

2000 年 12 月 15 日，金华市卫生防疫站在金华市区五里牌楼农贸市场内查获

1500 公斤的毒瓜子。这些西瓜子在生产过程中掺了矿物油，同时福建、河南、广东、南京等地也发现了毒瓜子。

C　假鸭血事件

2002 年 5 月 21 日，长春市卫生局查处一处用牛血、猪血和化工原料加工假鸭血的黑窝点，制造假鸭血的化工原料一般为建筑或化工用品。

D　金华火腿敌敌畏事件

2003 年 11 月 16 日，金华市的两家火腿生产企业在生产"反季节腿"时，为了避免蚊虫叮咬和生蛆在制作过程中添加了剧毒农药敌敌畏。金华火腿的销量几乎为零，金华市经营千年的城市名片瞬间蒙垢，这就是所谓的金华火腿敌敌畏事件。

E　大头娃娃事件

2004 年 4 月 30 日，安徽省阜阳市查处一劣质奶粉厂。该厂生产的劣质奶粉几乎完全没有营养，吃了这种奶粉，可导致小孩出现头大，嘴小，浮肿，低烧等症状。这就是大头娃娃事件。致使 13 名婴儿死亡，近 200 名婴儿患上严重营养不良症。

F　"苏丹红一号"事件

2005 年 3 月 15 日，上海市有关部门在对肯德基多家餐厅进行抽检时，在新奥尔良鸡翅和新奥尔良鸡腿堡调料中发现了"苏丹红一号"成分。从 16 日开始，在全国所有肯德基餐厅停止售卖这两种产品，同时销毁所有剩余调料。

图 5-7　啊！苏丹红来了！

G　人造蜂蜜事件

2006 年 7 月，中央电视台曝光湖北武汉等地的造假分子在假蜂蜜中加入了增稠剂、甜味剂、防腐剂、香精和色素等化学物质，此为人造蜂蜜事件。这一事件造成该地区蜂蜜价格的大幅跌落。

H　人造"新鲜红枣"事件

2008 年 8 月，人造"新鲜红枣"流入乌鲁木齐市场。新鲜红枣主要经过两道工序，铁锅里放进酱油，使青枣变成红色，并保持光泽。再次放进加入大量糖精钠和甜蜜素的水池中浸泡，使其口感泛甜。过量食用会造成血小板减少，酿成急性大出血等直接身体危害。

I　三聚氰胺奶粉事件

2009 年 1 月 22 日，三鹿三聚氰胺奶粉案终审宣判。自 2008 年 7 月始，全国各地陆续收治婴儿泌尿系统结石患者多达 1000 余人，9 月 11 日，卫生部调查证实这是由于三鹿集团生产婴幼儿配方奶粉受三聚氰胺污染所致。2010 年 7 月，三聚氰胺超标奶粉事件"卷土重来"：在青海省一家乳制品厂，检测出三聚氰胺超标达 500 余倍，而原料来自河北等地。

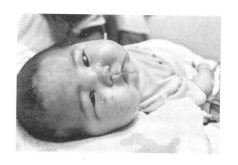

图 5-8　三聚氰胺奶粉导致的大头婴

　　J　麦乐鸡聚二甲基硅氧烷事件

2010 年 7 月 5 日报道，美国的麦乐鸡竟然含有橡胶化学成分聚二甲基硅氧烷。美国麦当劳发言人称，在麦乐鸡中加入聚二甲基硅氧烷，是基于安全理由，用以防止炸鸡块的食油起泡。麦乐鸡虽然被监测，符合标准，但是仍然无法打消消费者的质疑，70% 消费者选择拒绝麦乐鸡。

　　K　染色馒头事件

2011 年 4 月，上海华联等超市被指多年销售"染色馒头"。上海多家超市销售的小麦馒头、玉米面馒头被曝系染色制成，加防腐剂防止发霉。馒头生产日期标注为进超市的日期，过期回收后重新销售。每天有 3 万个染色馒头销往联华、华联、迪亚天天等 30 多家超市。此外，温州等地也出现了染色馒头事件。

图 5-9　我自己做的馒头，打死我我也不吃

5.2.1.2　食品添加剂的定义

食品添加剂是指为改善食品品质和色、香、味以及为防腐、保鲜和加工工艺的需要而加入食品中的人工合成或者天然物质。

5.2.1.3　食品添加剂种类与危害

目前我国食品添加剂有 23 个类别，2000 多个品种，包括酸度调节剂、抗结剂、消泡剂、抗氧化剂、漂白剂、膨松剂、着色剂、护色剂、酶制剂、增味剂、营养强化剂、防腐剂、甜味剂、增稠剂、香料等。

A　防腐剂

为防止食物变质和腐败，在食品加工过程中往往要添加防腐、防菌剂，以杀灭、抑制细菌的繁衍。常用的防腐剂双氧水，由于具有漂白、杀菌作用被用来漂白、泡发、保存诸如牛百叶、鸭掌、虾仁、鱿鱼等。但是残留的双氧水能与食品中的蛋白质、淀粉发生反应生成过氧化物，刺激消化道，并有诱发癌症的危险。

B　发色剂

香肠、腊肠、腌肉、腊肉等熟食制品及灌肠肉中都添加了亚硝酸盐，用以保持肉色鲜红稳定，防止色化保持肉的风味品质。但是添加的亚硝酸盐，可和肉中蛋白质降解产物胺类生成致癌物。

C　食用色素

食用色素分为天然食用色素和人工合成食用色素。天然食用色素较为安全，常用的有胡萝卜素、叶红素、姜黄素等。但是天然食用色素会产生异味，色的浓度不够的缺点，而限制了它的使用范围。常用的食品着色剂大都是人工合成食用色素。

人工合成色素常用在冷饮如冰激凌、汽水、果汁、可乐等，各种低浓度色酒如葡萄酒、果料酒等，糖果食品、干果、话梅等。然而色素是具有毒性的，历史上最著名的食用色素"奶油黄"就是为增加奶油，特别是人造奶油的黄色而常用的着色剂，其原料 N，N-二甲基偶氮苯能引发肝癌，是强致癌剂，现如今被禁用。由于合成色素有诸多问题，所以提倡食用天然色素或模拟天然色素的人工合成色素。

在绿色食品生产、加工过程中，A 级、AA 级的产品视产品本身或生产中的需要，均可使用食品添加剂，在 A 级绿色食品中可以使用人工化学合成的食品添加剂，但有些添加剂仍然禁用，如亚铁氰化钾、4-己基间苯二酚、硫磺、硫酸铝钾、硫酸铝铵。而在 AA 级绿色食品中只允许使用天然的食品添加剂，不允许使用人工化学合成的食品添加剂。

5.2.1.4　预防措施

人们一日三餐，都离不开食品，而添加剂在其中扮演的角色是不可或缺的，它本身含有一定的毒性，对人体的影响还是很大的。为了保障消费者的健康，规定了食品添加剂的使用标准，对使用目的、使用对象、使用量等做出了具体的规定。为了加深对食品添加剂的认识，对保障中华民族的健康体魄有着极其现实的意义。

要完善国家的法律法规，并制定健全的质量监督体系，我国已经制定了《中华人民共和国食品卫生法》。为了避免和减轻食品中滥加添加剂对人体健康所产生的危害，我国国家标准局颁布了《食品添加剂卫生标准》（GB 2760—2007）和《食品添加剂卫生管理办法》。食品添加剂通用安全标准 2011 年也已出台。

对食品加工、运送的企业、单位及个人进行监督和管理。严厉打击在食品生产、加工、运输过程中的违法行为。同时要做好宣传工作，提倡大家购买健康环保的食品。应尽可能挑选少含或不含合成色素的食品。一定要注意所购食品上标注的保质期或保存期。

目前在食品添加剂的使用上主要有两个问题：

一是对食品添加剂安全性认识的误区，人们往往认为天然的食品添加剂比人工化学合成的安全，实际许多天然产品的毒性，因为检测手段，检测的内容所限，还无法做出准确的判断。而且，比较检测结果显示，天然食品添加剂并不比合成的毒性小。

二是在卫生部出台的《关于进一步规范保健食品原料管理的通知》中，八角莲、土青木春、山莨菪、川乌、广防己、马桑叶、长春花、石蒜、朱砂、红豆杉、红茴香、洋地黄、蟾酥等 59 种天然原料禁用。

5.2.2 饲料添加剂

5.2.2.1 典型事例——疯牛病

1986 年 10 月，在英国东南部的一个小镇上，出现了一头奇怪的病牛。这头牛无精打采之后出现烦躁不安、站立不稳、动作不平衡等现象，最后口吐白沫，倒地不起。经过有权威的兽医诊断，确诊这头牛得的是疯牛病。这是因为牛畜产业主们为了加速牛的催肥和产奶，在饲料中添加了动物内脏和动物骨粉，而患有疯牛病的病畜体也被介入其中。牛在食用了这种添加剂后，便受到了感染。疯牛病像瘟疫般在英国流传，不仅会使牛病变同时还会危及到人类，一些人食用了患有疯牛病的牛肉就会患上与疯牛病同症状的病，被称为"新克-雅氏病"。

5.2.2.2 饲料添加剂

饲料添加剂是指在饲料生产加工、使用过程中添加的少量或微量物质，在饲料中用量很少但作用显著。

根据饲料添加剂品种目录（2008），饲料添加剂分为氨基酸、维生素、矿物元素及其络（螯）合物、酶制剂、微生物、非蛋白氮、抗氧化剂、防腐剂、防霉剂和酸度调节剂、着色剂、调味剂和香料、黏结剂、抗结块剂和稳定剂、多糖

图 5-10　疯牛病就这样来了

和寡糖等等。

随着人民生活水平的提高，肉、蛋、奶等动物性食品在副食中所占的比例在不断增加。为了满足人们对动物性食品的需要，越来越多的兽药被用作药物添加剂，以小剂量拌在饲料中，长时间地喂养食品动物，以预防动物的各种传染病、寄生虫病的发展和促进动物生长。但是给动物用药后，这些药可经食物链进入人体，对人体产生影响。这就出现兽药残留的污染问题，直接危害人体健康。

兽药残留已逐渐成为一个社会热点问题。近年来兽药残留引起食物中毒的纠纷越来越多。肉、蛋、奶等动物性食品中残留的药物，通过食物链的作用间接对人体健康造成潜在危害。

5.2.2.3　兽药残留的来源

目前，常用的兽药种类有：抗微生物药、抗寄生虫药、激素。这些药物是保障畜牧业发展必不可少的一环，然而由于养殖过程不合理使用这些药物治疗疾病和作为饲料添加剂引起兽药残留这一现象，在我国普遍存在。

5.2.2.4　兽药的危害

动物性食品中的兽药残留对人的潜在危害越来越严重，这种危害绝大多数是通过长期接触或逐渐蓄积造成的，还会引起急性中毒。

A　产生抗体

抗菌药物是指用于治疗细菌感染的药物，分为两大类，一类是合成抗菌药物，另一类是抗生素，其中青霉素、磺胺类药物、四环素及某些氨基糖苷类抗生素可使部分人群发生过敏反应。过敏反应症状多种多样，轻者表现为麻疹、发热、关节肿痛及蜂窝织炎等；严重时可出现过敏性休克，甚至危及生命。然而，一旦当这些抗菌药物残留于肉食品中进入人体后，就使部分敏感人群致敏，产生抗体。而这些被致敏的个体在接触这些抗生素或用这些抗生素治疗时，就会与抗体结合生成抗原抗体复合物，发生过敏反应。

B　"三致"作用

当人们长期食用含药物残留的动物性食品时，这些残留物便会对人体产生有害作用，会引起致畸、致突变。研究揭示，近年来人群中肿瘤发生率不断攀升，这些与环境污染和动物性食品中药物残留有关。如硝基呋喃、雌激素、砷制剂等都已被证明具有致癌作用，这些药物的残留量超标无疑会对人类产生潜在的危害。

C　引发病变

近年来国外许多研究表明，兽药残留对胃肠道菌群有影响。如有抗菌药物残留的动物源食品可对人类胃肠的正常菌群产生不良的影响，使一些非致病菌被抑制或死亡，造成人体内菌群的平衡失调，从而导致长期的腹泻或引起维生素的缺乏等反应。同时，长期食用兽药残留超标的食品后，当体内蓄积的药物浓度达到一定量时会对人体产生多种急慢性中毒。目前，国内外已有多起有关人食用盐酸克伦特罗超标的猪肺脏而发生急性中毒事件的报道。此外，人体对氯霉素反应比动物更敏感，特别是婴幼儿的药物代谢功能尚不完善，氯霉素的超标可引起致命的"灰婴综合征"反应，严重时还会造成人的再生障碍性贫血。四环素类药物能够与骨骼中的钙结合，抑制骨骼和牙齿的发育。红霉素等大环内酯类可致急性肝毒性。氨基糖苷类的庆大霉素和卡那霉素能损害前庭和耳蜗神经，导致眩晕和听力减退。磺胺类药物能够破坏人体造血机能等。

5.2.2.5　兽药的控制措施

A　制定有关法规，加强监督管理

尽快制定对兽药安全使用和违法使用处罚的法规，制定国家动物性食品安全的法规，以及一系列可操作的配套管理法规，把兽药残留监控纳入法制管理的轨道，使其有章可循，同时加大监管力度，推动和促进兽药残留监控工作的开展。实施有效的监督管理手段，加大打击力度。

B　广泛动员民众，实行全民监督

首先，广大群众要到正规商家购买动物性食品，防止有害动物性食品流入市场。购买后，食用时应将其烧煮至熟透。

其次,食品行业应抓紧制定本行业的信用标准和信用体系建设规划,抓好企业信用建设,把企业违法违规行为记录在案,公示社会,发挥警示和惩戒作用,发动群众监督。

5.2.3　其他人工添加剂

5.2.3.1　氨气

为了改善混凝土的物理化学性能,提高混凝土的强度、耐久性、节约水泥用量,缩小构筑物尺寸,往往会添加一些特定的化学物质,如加气剂、膨胀剂、防冻剂、着色剂、防水剂和泵送剂等。其中防冻剂在建筑施工过程中经常使用,尤其是在冬季施工,都会在混凝土墙体中加入以尿素和氨水为主要原料的混凝土防冻剂,加速混凝土凝结和硬化,以此提高混凝土的耐久性。然而这种外加剂在墙体中会随温度和湿度等环境因素的变化使得氨类物质还原成氨气从墙体中缓慢释放出来,导致室内氨浓度大量增加。曾有过一平方米卖到 1 万元人民币的豪华住宅验房时氨气超标 35 倍。可见,氨气污染不容忽视。

A　氨气的危害

氨是一种无色而具有强烈刺激性恶臭味的气体,属于碱性物质,溶解度很高,易于吸附在皮肤与眼结膜等处。当吸入氨气后,可麻痹呼吸系统的纤毛与损害黏膜上皮组织,有助于病原微生物的侵入,减弱人体抗疾病能力。当氨气经呼吸道进入肺部后,则通过肺进入血液,与血红蛋白结合,从而破坏运氧功能。如何减少氨气的污染,那就得从混凝土外加剂的防冻剂入手。

B　防止氨污染的措施

室内氨气主要来源于混凝土外加剂——防冻剂。这是施工用的基础用材,防冻剂是必用材料,所以合理地选择混凝土防冻剂是非常重要的。通过采用先进技术,以最大限度选用含尿素、氨水量小的防冻材料,在源头上消除氨气排放污染。同时加强室内通风换气,最大限度地降低氨气浓度,直至符合国家规定的 $0.2mg/m^3$ 以下。

5.2.3.2　甲醛

随着我国经济的快速发展和工业、城市化水平的不断提高,人们的居住条件得到了很大的改善并大幅度的提高。建筑材料、装饰装修材料的投入使用增多,而这些材料中含有许多人工合成的化学物质,如涂料、油漆及各种黏合剂,这些化学物质会造成室内环境污染。在室内环境污染的众多有害物质中,甲醛是最为典型的。据调查研究,北京室内空气中甲醛浓度超过国家标准规定的住宅占 70% 左右。

2000 年林先生请装修公司进行装修。工程竣工入住后,林先生感觉室内气味刺鼻,致人咽痛咳嗽、辣眼流泪,无法居住。而且林先生的喉疾因此加剧,经

图 5-11　W：这是什么味道啊，闻到我头都快晕了！
M：我在刷油漆呢，完成后要隔一段时间味道消失了才能入住哦！

医院检查，查出竟是"后乳头状瘤"，并在协和医院进行了手术。之后他请室内环境检测单位对其住所进行检测，在按规定房间封闭 24h 后，检测结果是卧室中甲醛含量高达每立方米 1.56mg，超过国家标准 19.5 倍。

A　甲醛的来源

甲醛是一种无色易溶的刺激性气体，其 40% 的水溶液可用作消毒剂，此溶液的沸点为 19℃，在室温极易挥发，可经呼吸道被人体吸收，已经被世界卫生组织确定为可疑致癌和致畸形物质。

经过装修，特别是经过复杂装修装饰的环境空气中甲醛主要来源于以下几个方面：

（1）室内装饰的胶合板、细木工板、中密度纤维板和刨花板等人造板材，由于甲醛具有较强的黏合性，还具有加强板材的硬度及防虫、防腐的功能，所以目前人造板使用的胶黏剂都是用以甲醛为主要成分的树脂，板材中残留的和未参与反应的甲醛会逐渐向周围环境释放，是形成室内空气中甲醛的主体。

（2）人造板制造的家具，一些厂家为了追求利润，使用不合格的板材，制造工艺不规范，也会产生甲醛污染。

（3）含有甲醛成分并有可能向外界散发的其他各类装饰材料，如化纤地毯、贴墙纸、油漆和涂料等。

B　甲醛的危害

（1）突出表现有头痛、头晕、乏力、恶心、呕吐、胸闷、眼痛、嗓子痛、胃口差、心悸、失眠、体重减轻、记力减退以及植物神经紊乱等；孕妇长期吸入可能导致胎儿畸形，甚至死亡，男子长期吸入可导致男子精子畸形、死亡等。

（2）刺激作用。甲醛的主要危害表现为对皮肤黏膜的刺激作用，能与蛋白质结合、高浓度吸入时出现呼吸道严重的刺激和水肿、眼刺激、头痛。

（3）致敏作用。皮肤直接接触甲醛可引起过敏性皮炎、色斑、坏死，吸入高浓度甲醛时可诱发支气管哮喘。

（4）致突变作用。高浓度甲醛还是一种基因毒性物质，实验动物在实验室高浓度吸入的情况下，可引起鼻咽肿瘤。

C　甲醛污染的防治措施

（1）完善法规和监督体系，规范建材市场，严把建材质量关。

（2）建立健全法规和监管体系，加大管理力度，规范市场，遏制不符合安全要求的材料，提高装修技术水平，把好质量关。根据《居室空气中甲醛的卫生标准》（GB/T 16127—1995）规定：居室空气中甲醛最高容许浓度为 $0.08mg/m^3$。

（3）树立自我保护意识，科学实施装修与购买家具。

（4）加强通风与绿化。新装修的住宅最好在有效通风换气 3 个月后入住。保持通风，可栽种一些如吊兰、常春藤、芦荟等绿色植物。

5.3　外来污染的化学物质

5.3.1　化学农药

5.3.1.1　典型事例

近年来，在我国许多地方已经出现过多起农药蔬菜中毒事件。

2003 年 6 月 19 日和 20 日，广东江门市区连续发生两宗蔬菜残留甲胺磷农药引致中毒事件，40 多人中毒。所幸的是，由于抢救及时，未出现死亡。

2004 年 5 月 18 日《健康报》报道了重庆市果蔬中农药残留严重超标的现象：对蔬菜、水果残留的敌百虫、甲拌磷、甲胺磷三种农药残留量进行了定量的检测，结果显示油心菜、西红柿等 27 件样品中有机磷农药残留超标 11 件，在梨、苹果等 17 件样品中，农药残留量超标 5 件。

2009 年 4 月 22 日，沈阳一名 6 岁女童吃韭菜身亡，经调查发现原来是韭菜携带大量有机磷农药所致。

5.3.1.2　农药

农药是指在农业生产中，为保障、促进植物和农作物的成长，所施用的杀虫、杀菌、杀灭有害动物（或杂草）的一类药物统称。随着人类社会的不断发展，对粮食的需求不断攀升，促进了粮食产业的高速发展，农药在其中发挥了非常重要的作用。农药是消灭植物病虫害的有效药物，对提高作物的产量和质量起着巨大的作用。国务院发展研究中心统计，2008 年我国化学农药每年用量为167.2 万吨，挽回粮食的损失量占总产量的 7% 左右，棉花为 18% 左右。据有关部门统计，每投资 1 元钱的农药，就可获得 2.5 元钱的经济效益。

5.3.1.3 农药对环境的危害

农药是一类特殊的化学品，能防治农林病害，但是它在生产和使用过程中会进入环境，带给环境、食品的危害是不可估量的。农药当中化学有毒农药约占95%以上，据美国康奈尔大学介绍，全世界每年使用的400余万吨农药，实际发挥效能的仅1%，其余99%都散于土壤、空气及水体之中。环境中的农药在气象条件及生物作用下，在各环境要素间循环，使其污染范围极大扩散，致使导致全球大气、水体（地表水、地下水）、土壤和农产品受到污染的威胁，并通过食物链的方式威胁人体健康。

农药环境污染已成为全球关注的世界十大公害之一。农药在使用过程中，会有约40%~60%降落于地面，约有5%~30%漂浮于空气中。而落于地面上的农药会随降雨形成地表径流，流入水域，或者经过土壤渗到水域或渗进土壤，从而造成了环境污染。

A 农药对大气的污染

大气中的农药污染主要来自于以下两个方面：

（1）农田施药时，有些农药带有挥发性，在喷撒时可随风飘散，落在叶面上可随蒸腾气流逸向大气。另外在土壤表层时也可经过日照蒸发到大气中，春季大风扬起裸露农田的浮土也带着残留的农药形成大气颗粒物，飘浮在空中。例如北京地区大气中就检测出挥发性的有机污染物70种；半挥发性的有机污染物60种，其中农药25种之多，包括艾氏剂、狄氏剂、滴滴涕、氯丹、硫丹、多氯联苯等。南方农业地区，因气温高，问题更为严重。

（2）因气象条件和施药方式的不同，飘浮在大气中的农药可随风做长距离的迁移，由农村到城市，由农业区到非农业区，到无人区，使污染扩散到离药源数百公里，甚至上千公里之外。或通过呼吸影响人体或生物的健康，或通过干湿沉降，落于地面，特别是污染不使用农药的地区，使得没有一片土地是净土，影响这一地区的生态系统。

B 农药对土壤的污染

农药进入土壤既有直接的又有间接的途径：

（1）农药由田间施肥直接进入土壤；

（2）喷洒时附着在作物上的农药，通过作物落叶、雨水淋洗而进入土壤；

（3）随着大气降沉、灌溉水和动植物残体而进入土壤。

一般农田均受到不同程度的污染，但农药直接施入土壤的地区造成的农药土壤污染更为严重。进入土壤环境中的农药，因施用农药的不同，施药地区土壤性质以及农药用量和气象条件的差异，农药在土壤中的残留和迁移行为有很大差别。农药对土壤的残留和污染主要集中在0~30cm深度的土壤层中，其中土壤中残留期最长的是含重金属农药，然后是有机氯农药，最后是拟除虫菊酯农药、氨基甲酸酯农药、有机磷农药。农药对土壤污染程度视农药量而异，主要集中在农药施用区，大部分农药由于被土壤吸附，随土层径流的迁移一般不大，随水的淋溶通常也较小，淋溶超过1m深的农药一般只占农药施用量的千分之一到百分之一。除此之外，农药对土壤微生物的影响，是人们关心的又一个问题。而对土壤微生物影响较大的是杀菌剂，它们不仅杀灭或抑制了病原微生物，同时也危害了一些有益微生物，如硝化细菌和氨化细菌。随着单位耕地面积农药用量的减少，除草剂和杀虫剂对土壤微生物的影响进一步地削弱，而杀菌剂对土壤微生物的负面作用将会更加成为我们主要关注的对象。

C　农药对水体的污染

水体中农药主要来源于大气漂移、大气降水、农田农药流失、水面直接喷施农药和农药厂点源污染等。另外，农药药液配置的废弃物、施药工具随意清洗也会造成水体污染。在有机农药大量使用的一些世界著名流域，如密西西比河、莱茵河等的河水中都检测到严重超标的六六六和滴滴涕。有时为防治蚊子幼虫施敌敌畏、敌百虫和其他杀虫剂于水面；为消灭渠道、水库和湖泊中的杂草而使用水生型除草剂等都会造成水中的农药浓度过高，大量的鱼和虾类的水生动物死亡；还在一些农药药液配制地点存放的大量药瓶和其他包装物，降雨后会产生径流污染。一般以田沟水与浅层地下水污染最重，但因农药在水体的扩散与农药随水流运动而迁移，污染范围较大。

5.3.1.4　农药对环境污染的预防措施

（1）防止农药污染的途径。采取综合防治的方法研究新的杀虫除害途径。搞好农药安全性评价和安全使用标准的制定工作。安全合理地使用现有农药；发展高效、低毒、低残留的农药。

（2）现有农药的合埋使用。首先必须调查研究各种病虫害的起因和发生的条件，做到能预测预报，对症下药。其次是混合和交替使用不同的农药，以防止产生抗药性并保护害虫的天敌。

（3）克服对化学农药的依赖，向农业植保方向发展，如采用微生物杀虫剂和植物杀虫等方法。

（4）严禁违章使用农药。粮食的高产不得不依赖于农药，农药是果蔬高效生长的保护伞。但是由于农民使用不当和违规使用，在客观上构成了对人的重大隐患。为了保证果蔬不危害人体健康，农民绝对不得使用违禁农药或超量喷洒农药。同时，为了防止农药果蔬流入市场，政府的食品卫生、工商等各个部门都应该加大管理和监督的力度、严查严控。

（5）洗净加工后再食用。首先，我们一定要到正规市场或超市购买果蔬。购买的果蔬，加工前一定要洗涤干净，用干净的清水浸泡较长时间，不得随便洗洗就吃。对于蔬菜不宜采用下述方法洗涤：

1）不能用碱水洗泡，碱水浸泡会让农药残留的成分发生化学变化，可能变成毒性更大的物质。

2）不能用洗涤剂泡，洗涤剂本身也是一种化学物质，很难除去，形成对人体的另一种污染，而且，对去除农药残留也没什么效果。

3）对于水果，吃前务必先用清水或盐水洗净后用清水浸泡多时再食用。

（6）小心吃虫眼菜。有些人会觉得有虫眼的菜是被虫子咬过的，农药残留应该少，这种想法其实不一定正确。有可能当菜长了虫子之后农民为了防止虫子对菜的进一步侵蚀再洒农药，然后拿来卖，反而对人更危险。

5.3.2 化学肥料

化学肥料是农作物生长的养分。农作物增产离不开化肥，它是粮食连年稳产高产的关键。我国是世界上施用化肥较多的国家之一，我国对化肥的需求从2004年的4637万吨增加到2008年的5239万吨，利用率平均约为35%左右，相对较低。而且产品结构与施用比例也不尽合理，其中氮磷肥料的大量使用，导致农田土壤中氮磷累积急剧增加，农田土壤中的氮磷随排水或雨水进入河流，使水体富营养化，直接影响工农业供水和人畜饮水质量，给人体健康和水产养殖带来威胁。

5.3.2.1 化肥污染的危害

化肥污染是指农田施用大量化肥而引起水体、土壤和大气污染的现象。我国对氮肥的利用率仅为30%～35%，磷肥的利用率为15%～20%，钾肥利用率也不超过65%。化肥中，只有1/3被农作物吸收，1/3进入大气，1/3残留在土壤中，造成的危害与农药相当。化肥污染引起的环境危害主要有以下几个方面。

A 水源污染和水体富营养化

近几年爆发的诸多水污染事件与氮肥过量使用有着千丝万缕的关联。氮肥对水体环境的影响主要是氮肥流失所引起。施肥量增加流湿量也增大，大量氮肥和钾肥以径流流失的方式污染水体。我国河流、湖泊中的总氮浓度不断升高，氨氮和硝酸盐是主要的污染物，同时造成地下水污染，威胁到我们的饮用水安全。我国饮用水有60%的水源总氮超标，当氮含量为40～50mg/L时，就会发生血红素失常病，危及人类生命。

氮磷是农作物生长的重要肥料，但过多的营养物进入水体将恶化水体质量，影响渔业发展，危害人体健康。1933年到2000年我国共发生194次较大规模的赤潮现象，其中1989年黄海海域发生赤潮，损失达3亿元人民币。1998年春天，香港海和广东珠江口一带海域发生的赤潮，使得海水泛红，腥臭难闻，水中鱼类等动物大量死亡，此次使得香港渔民损失近1亿港元，大陆珍贵养殖鱼类死亡逾300吨，损失超过400万元。滇池、太湖以及一些小水库、池塘均有富营养化的

发生。

B　土壤物酸化及物理性质变化

土壤是农作物生长的营养来源，化肥可以丰富土壤的营养。一旦土壤中某种营养元素过剩，就会造成土壤对其他元素的吸收性能下降，而破坏了土壤的内在平衡，导致土壤板结。

我国40%以上的耕地面积被酸化，其中化肥的大量使用是导致土壤酸化的原因之一。土壤酸化会导致土壤颗粒分散，破坏了土壤的水稳定性团粒结构，造成土壤板结，土壤中微生物等的减少，使得土壤中有机质的严重流失，各元素的矿化释放的比例失调加剧，导致农作物产量及质量下降，最终丧失农业耕种价值。

C　温室效应

氮肥是氧化亚氮的重要来源之一，是比二氧化碳具有更大致暖效应的温室气体，具有促进气候变暖和破坏臭氧层的双重作用。反过来，氮肥对温度变化十分敏感，气候变暖又会加速氧化亚氮的释放，导致环境温度升高。

5.3.2.2　化肥污染防治措施

（1）调节肥料结构，平衡施肥。我国所使用的化肥结构中氮肥含量过多，容易造成肥效当季利用率低，应调节肥料的结构，如增加磷肥、钾肥和微肥的用量，通过土壤中磷、钾以及各种微粒元素的作用，降低农作物硝酸盐的含量，提高农作物品质。

（2）科学施肥，减少化肥的损失。掌握好施肥时间、次数和用量，采用分层施肥、深施肥等方法减少化肥散失，提高肥料利用率。

（3）适当调节种植业结构，充分利用豆科作物的固氮肥源，减少化肥的使用量。

此外，绿肥不仅可增加土壤有机质，而且能转化石灰性磷为有效磷，活化和富集某些微量元素，对建立土壤养分库的作用很大。

5.3.3　包装材料

各种形形色色的包装材料在生活中随处可见，为了使食品免受外界物理、化学和微生物的影响，保持食品质量，延长食品的贮藏期，包装材料变成食品不可或缺的"外衣"。但是这些美丽外衣在保护食品的同时也给食品带来了潜在的污染问题。

5.3.3.1　包装材料的危害

2005年1月，甘肃省定西县一家食品厂的薯片在出厂质检时，发现包装袋苯超标。随后质监人员对甘肃、青海、浙江、江苏等省的十几家塑料彩印企业进行调查，发现这些企业全部使用以苯和甲苯作为混合溶剂的主要原料。

我们都喜欢把吃不完的东西习惯性地用保鲜膜或保鲜袋装着放进冰箱。然而2005年9月2日，中国包装网刊登《美国：保鲜膜包食品有害健康》的文章，介绍PVC（聚氯乙烯）保鲜膜含有对人体有致癌作用的有害物质DEHA（二乙基羟胺），这种物质会在保鲜的过程进入到食物中，导致食物受污染。此外，有些人会把带保鲜膜的食物放入微波炉中加热，这会加速塑化剂中化合药剂释放到食物中。

2011年3月1日，欧盟对"双酚A"奶瓶的禁令引起了各界关注。双酚A是用于制造高分子材料如聚碳酸酯（PC），许多日常消费品如食品包装器、水壶、水杯和奶瓶等都可能含有双酚A。双酚A在加热过程中会析出到食物中去，会干扰人体正常的荷尔蒙分泌功能，刺激人体雌激素的分泌，抑制雄性激素分泌。如果长时间大量摄入，可能会导致心血管疾病甚至癌症。

不仅仅是塑料类的包装产品对食品具有潜在污染问题，就是金属、纸质和玻璃包装都存在着危害。

常用的金属包装材料有铁、铝、不锈钢和各类金属合金等。我们喝的饮料多用铝罐装。铁罐以马口铁为主，多用于非碳酸饮料包装。还有镀锡的铁罐，内层的锡会被有机酸溶解形成有机锡盐。锡中常含有少量铅，其中有机铅盐具有毒性，另外焊锡也能造成铅中毒。目前铝罐的使用已超过铁罐，由于金属的化学稳定性差，容易和饮料起反应，所以内壁涂料特别重要，但内壁涂层安全性很关键。通常铝箔、铝罐和铁罐内表面涂覆了保护漆，其中部分含有酚类、氯乙烯、表氯醇（C_3H_5OCl）等，这些物质亦有毒性，易溶解在食物中。

纸是最古老、最传统的包装材料，以其良好的物理性能、机械加工性能以及环保方面的优势，成为食品包装工业的重要材料。普遍被视为是更"绿色"的包装，但这并不意味着绝对安全和环保。某些盛装牛奶的雪白纸盒、纸杯可能含致癌物质，因为增白纸张所用的荧光增白剂是一种致癌活性很强的化学物质。另外，很多企业为吸引消费者眼球，喜欢用彩色包装纸包装食品，造成含铅的彩色油墨与食品"亲密接触"。这些油墨大多数含有苯，使包装材料中残留大量的苯类物质，会损害人体的神经系统，破坏人体的造血功能，引起永久性苯中毒。同时，在油墨中所使用的颜料、染料中，存在着重金属和苯胺或稠环化合物等物质，具有致癌作用。

玻璃瓶也是一种历史悠久的包装容器，占据了啤酒包装的绝大多数份额。玻璃包装作为一种最安全的包装材料，具有很强的生命力。玻璃具有极好的化学稳定性，不与被包装的食品发生反应，具有良好的包装安全性。但是熔炼不好的玻璃制品则可能发生来自玻璃原料的有毒物质溶出问题。同时还应注意避免玻璃原料中重金属如铅等的超标。对加色玻璃，则应注意着色剂中重金属颗粒溶出的安全性。

5.3.3.2　防止包装材料污染的措施

（1）严格选用食品包装材料。包装材料的选用必须符合被包装食品的保护要求，不会影响内装物的品质，也不会对使用者带来危害。提倡使用对环境无害的绿色材料。

（2）规范食品包装材料市场，加强监管力度，严厉打击制假造假行为。一些含有有毒成分的包装材料不可用于加工成食品包装、容器具。同时减少包装容器的体积防止过度包装，尽量减少包装制品的使用量，加快食品包装标准化进程。

第6章 生物污染

随着人类物质生活的极大提高及社会进步，人类对环境的要求也越来越高。我们这里所说的生物污染，指的是室内环境中的生物污染，一般包括细菌、真菌、过敏性病毒和尘螨等生物性污染物质。这类污染物质种类繁多，且来自多种污染源头。室内环境的污染不仅影响居住的舒适度，而且严重影响人们的生活健康和工作效率。因此，防治室内的生物污染尤其重要。常见的室内生物污染有霉菌、植物花粉、尘螨、人和动物等携带的细菌病毒以及动物身上脱落的毛发、皮屑等。下面对这些生物污染进行进一步的阐述。

图 6-1　这么整洁好看的房间，就真的干净了吗？

6.1　霉菌

在日常生活中，特别是在潮湿温暖的地方，我们可以经常看到有些物品上长出一些肉眼可见的绒毛状、絮状或蛛网状的菌落，那就是霉菌。一提到它，我们会不自觉地把它和发霉的饭菜和霉菌性疾病联系在一起。在现实生活中，霉菌污染对人类社会造成重大的危害，不得不让我们引发深思。

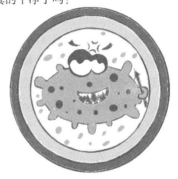

图 6-2　霉菌

6.1.1 霉菌污染引发的案例

6.1.1.1 霉菌污染食物中毒事件

2006 年 6 月 25 日，某市大埠岗镇河源村发生一起 46 人霉菌污染食物中毒事件。起因是 6 月 24 日村民杨某小儿子举办婚宴，中午摆 18 桌酒席，晚上摆 12 桌酒席，有近 20 道菜，其中拼盘有鸡爪、鸡翅、卤笋、皮蛋和牛肚等，宴客后，村民刘某于当晚 10 时左右首先出现腹痛和腹泻，由于症状不重未前往医院就诊。之后村民张某也出现同样的症状，即到村卫生所诊治。次日凌晨 3 时之后相继又有 10 余人出现上述相同症状，并陆续转往当地卫生院救治。最后此事件共发病 46 人，男 19 人，女 27 人。根据现场调查分析，办婚宴时天气较炎热，而杨某 23 日就准备各种酒菜，其中包括购买卤味食品，部分食品加工成半成品。由于宴席客人多，24 日中午 18 桌，晚上 12 桌，中午未食用完的部分剩余菜肴晚上仍继续食用，卤味鸡爪、鸡翅、卤笋和牛肚 23 日早晨从城里购买，回家后仍用塑料袋包装，置于冰箱冷藏层，次日中午和晚上食用前未回锅加热直接供给客人食用。现场加工条件差，冷藏设施差，消毒不落实，加工过程易造成交叉污染。据部分患者反映，当时卤味鸡爪、鸡翅已有变味。经鉴定，此事件为一起由于霉菌污染食物引起的急性中毒事件。

6.1.1.2 猪复合型霉菌毒素中毒事件

江西省某新建种猪场于 2004 年 11 月从湖北某种猪场与河北某种猪场购进种猪 120 头。自 2005 年 3 月 4 日开始陆续出现死猪，到 6 月 10 日，有 9 例出现便血、猝死；有 3 例不发生便血，但有神经症状（弓角反张、四肢痉挛、咬肌阵挛等）与呼吸困难，其中 1 例有血尿；总共死亡 12 例。大体剖检发现其中 11 例出现贫血、消瘦、黄疸、胃黏膜糜烂，多数回肠与结肠出血，肾高度肿大并呈黑红色、质地脆弱。有个别猪出现天然孔出血，但血液仍可凝固。经专业人士多次诊断为：附红细胞体病、血痢、劳内氏结肠炎，甚至还怀疑是炭疽。但是多次治疗后，仍不能控制病情。5 月配种的 18 头后备母猪，出现全部返情现象。对于猪食用的饲料开包检查有霉味（1 周前产生的）；仓库的玉米外观完好，剥开胚乳可见黑色霉变，约占玉米粒 1/10，豆粕、麸皮等原料无可见霉变。根据这些猪所体现出来的所有临床症状，可以确诊为复合型霉菌毒素中毒。因此，工作人员马上停用霉饲料与霉玉米，同时在每吨饲料添加霉菌毒素吸附剂"净霉灵"4kg，对出现患病症状的猪给予针对性的治疗，处理的第 3 天病情稳定，没有新发病例，1 周后全部恢复正常。

从以上案例可以看出，霉菌污染对人类社会所造成的危害不容忽视，也给我们敲起了警钟。因此，了解霉菌的一些基本知识是非常必要的。

6.1.2 霉菌以及霉菌污染

霉菌是那些菌丝体发达，又不产生大型肉质子实体的丝状真菌的俗称，它的菌丝是一种管状、无色透明的丝状物，常由孢子萌发或者由一段菌丝细胞增殖而来，大量菌丝交织成绒毛状、絮状或蛛网状等，称为菌丝体，菌丝体常呈白色、褐色、灰色，或呈鲜艳的颜色，有的可产生色素使基质着色。它们种类多，分布广泛，土壤、空气、水体、生物体内外等地方，都飘扬着霉菌孢子，由于它们体积非常小，所以人的肉眼看不到。当环境温暖潮湿，又有适宜生长的基质，孢子就会发芽，长出菌丝，大量菌丝交集在一起，我们的肉眼就可以看到了。

图6-3　霉菌的显微镜形态

所谓霉菌污染就是由霉菌引起的粮食、水果、蔬菜等农副产品以及各种工业原料、产品、设备等变质的现象。一旦发生霉菌污染，将会对人类社会产生极大的影响，因此我们一定要学会防治霉菌污染。

6.1.3 发生霉菌污染的条件和霉菌生长"温床"

霉菌的繁殖和生长需要适合的温度和湿度，大多数霉菌繁殖最适宜的温度为25~30℃，一般情况下，营养丰富的食品其霉菌生长的可能性较大，且缓慢通风较快速风干，霉菌容易繁殖。因此，我国南方各地霉菌的滋生要高于北方各地，特别是南方清明节前后的天气。霉菌生长的"温床"一般在温暖和潮湿的环境中，主要有以下几个地方：

（1）空气通风不流畅及潮湿的办公室和住所；
（2）通风条件差的卫生间和家庭厨房；
（3）旧房的墙角、顶棚、地毯和地板下面；
（4）经常受雨淋或者漏水的地方；
（5）没有定期维修或清洗的室内中央空调系统。

6.1.4 霉菌污染的危害

霉菌本身一般无毒，真正对人类社会产生危害的是霉菌在各种情况下会产生

图6-4　窗户没打开，不通风啊!

图6-5　这些都是霉菌滋生的地方

真菌毒素。马里兰大学化学教授 Bruce B. Jarvis 说："所有真菌毒素是真菌代谢物，对人类和动物健康有危险。"其中，最有名的真菌毒素是致癌的黄曲霉素，会导致肝损伤甚至死亡。霉菌污染的主要危害是：

（1）引起食物霉变，人类食用了霉变的食物，会产生恶心、呕吐、腹痛等症状，严重的可导致呼吸道及肠道疾病，如哮喘、痢疾等。

（2）空气中的霉菌孢子可在一些人中引发过敏症状，包括支气管炎、哮喘、皮炎、鼻部受刺激、哮喘加重等。

图6-6　这是怎么回事？全吐出来了，好辛苦啊　　　图6-7　怎么无缘无故打喷嚏呢？

（3）对于一些免疫系统严重受损的人，包括癌症病人和艾滋病病人，会更容易受霉菌感染，霉菌可侵入病人的肺组织，在肺或血液中滋生，导致肺部感染、发烧、身体虚弱等。

6.1.5　防止霉菌污染的途径

霉菌隐藏在潮湿的地方，如：浴室、卫生间、橱柜、水池附近，且繁殖速度惊人。为避免家中出现霉菌污染，我们可以采取以下措施：

（1）经常性地对家居、办公室及其他室内进行打扫，保持室内清洁。

（2）在空气潮湿的日子里，可以使用活性炭以保持室内干燥。

图6-8　清洁的地方，最让人心情舒畅

（3）卫生间和浴室等封闭空间要经常通风，最好安装、使用抽风机，将室内废气排放到室外。

图6-9　保持通风最重要

（4）尽快清空家里剩饭剩菜，防止发生霉变，尽快维修屋内外有渗漏的地方，尽可能拆除及丢掉已受污染的物料，比如发霉的木板等。

（5）对于家庭使用的空调，要采用有效的隔尘网来减少真菌孢子和粒子等进入空调的通风系统，并定期清洗与消毒过滤网和隔尘网。

6.1.6　温馨提示——空调病与空调的使用

在日常生活中，"空调病"这个名词已经为人们熟知，那么，什么是空调病呢？空调病也叫"空调适应不全综合征"、"冷房征"，凡由于建筑物房内使用空调，导致空气环境质量恶化，致使人体不能适应而产生的疾病都可以笼统称为空调病。空调病其实比较复杂，因为它是包括多种原因造成的疾病，如室内通风不畅，加上温度适宜，微生物得以滋生而引起的感冒、腹泻；一身大汗直吹空调，汗孔骤闭而导致的风热内蕴；久居空调室内，气温过低所致的气血凝滞等都属于空调病。空调病主要表现为头晕、嗜睡、健忘、乏力、胸闷、无食欲、性欲低下、女性表现为月经不调、焦虑等等。

室内环境的污染，如霉菌的污染与空调的使用有很大的关系，合理使用空调，对于防止疾病的传播很有帮助。

（1）保持室内空气新鲜。在空调频繁开放的季节，应该经常开窗换气，最好2h开窗换气一次。据防疫部门测定，开窗10min，就能把一间80m² 房间的空气换一遍。

（2）增加室外活动。千万不要长时间待在开着空调的房间内，可利用工作間歇或早晚氣溫相對較低的時候，進行一些戶外活動。

（3）空調定期消毒。最好每半個月清洗一次空調過濾網，有空調的房間應注意保持清潔衛生，減少疾病的污染源。

（4）室內溫度不宜過低。室溫最好定在 25～27℃左右，室內外溫差不可超過7℃，不然出汗後入室，將加重體溫調節中樞負擔。

（5）避免冷風直吹。室內空氣流速應維持在每秒鐘 20cm 左右，辦公桌不應安排在冷風直吹處，因為該處空氣流速較大，溫度驟降 3～4℃。

（6）適當增添衣物。若長時間坐在辦公應適當增添衣服，在膝部覆蓋毛巾等加以保護。當在室內感覺涼意時，一定要站起來活動四肢和軀體，以加速末梢血液循環。

（7）溫水按摩。下班回家，首先洗個溫水澡，自行按摩一番，如能適當運動，當然更好。

（8）當心老人和孩子。老年人和嬰幼兒的溫度感覺差，體溫調節也差，因此要特別關注他們對空調器的反應，以免染上疾病。

6.2 植物花粉

　　隨著社會主義現代化進程的推進，城市建設迅猛發展，而城市綠化水平也不斷提高。可是，出現了一種奇怪的現象：一到春夏兩季，越來越多的人出現打噴嚏、流鼻涕、流眼淚，鼻子、眼以及外耳道奇癢。這是為什麼呢？原來，每年到了春暖花開的時候，百花齊放，植物花粉釋放到空氣中，而人體接觸到這些摻雜著植物花粉的空氣，有可能會出現上述現象，此現象可以稱為花粉過敏。花朵雖然美麗，但是它也有對人體有害的一面。我們應該多掌握這方面的知識來保護自己。

圖 6-10　這花弄得我好難受啊！

6.2.1 植物花粉引發的案例

6.2.1.1 油菜花粉致過敏休克喉水腫病例

　　患者，女性，48 歲。在食用油菜蜂花粉約 5g，2min 後，感覺周身和喉嚨部發癢、發熱，繼而出現胸悶、心悸、氣短、乾咳、聲音嘶啞，全身出現大片風團狀丘疹，遂到醫院就診。經查體發現：體溫 36.8℃，脈搏 140 次/分，呼吸 30次/分，血壓（BP）70/40mmHg；煩躁不安，呼吸困難且嘴唇發紺，吸氣時三凹征及喉鳴音明顯，皮膚劃痕試驗陽性。同時心電圖顯示：竇性心動過速（140次/分），全部導聯 ST 段下移超過 0.2mV，經醫院診斷為：過敏休克伴喉水腫。

· 73 ·

医生立刻肌肉注射肾上腺素 1.0mg，5% 葡萄糖液 500mL 加维生素 C 注射液 1000mg，氢化可的松注射液 200mg 静滴，然后肌肉注射本海拉明 20mg，并大量吸氧。20min 过后，患者呼吸平稳，皮疹消退，血压心电图均正常。本例是因食用油菜花粉后引起急性过敏反应，来势汹涌，重型者可在数分钟内死于休克或窒息，经抗过敏治疗，症状迅速好转。

6.2.1.2　一起因花粉过敏致湿疹群体发病的病例

2000 年 7 月，某市近郊两相邻单位共 268 人因花粉过敏群体发生以皮肤丘疹、瘙痒为主要的症状的湿疹。发病的 268 人中，均为男性，其中战士和学员 256 人，干部 12 人，年龄均在 18～30 岁之间。首批于 7 月 3 日发病，发病者约 80 人，于训练后出现皮肤丘疹，并在 2～3 天内陆续出现大量相同症状病员。此时当地居民亦有出现类似症状者。经调查，出事的两家单位位于沈阳市近郊某丘陵地区，直线距离约 1000m。营区周围农作物以旱田为主，山地植被以灌木和蒿草为主，其中部分地区为封山造林区，共驻扎官兵 1300 多人。患者均到医院就诊，经专科检查发现：大多数患者可见米粒至黄豆粒大小孤立的红色丘疹，极少数患者呈风团样丘疹，以躯干、上肢为主，对称性分布，腋窝、指蹼等薄嫩部位未见丘疹，头皮及阴囊无结节。医院在其中的 69 名患者进行了实验室检查，其中 43 人可见嗜酸性粒细胞增高。医院为进一步明确发病原因，随机选取 15 人进行变态反应试验，查明过敏原为植物花粉。确诊后，口服扑尔敏 4mg，每天 3 次，擦洗炉甘石洗剂，1 周后，所有患者均痊愈。

由植物花粉引起的人体不适，影响了我们的学习、工作与生活。我们必须懂得如何去防止花粉过敏和发生过敏后的一些医疗知识。

6.2.2　植物花粉

植物花粉，其实是有花植物的小孢子，产自各种植物的花朵，形态大小随着植物的种类而异，如图 6-11 所示。

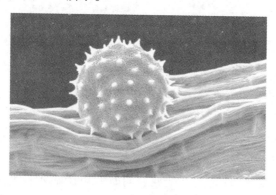

图 6-11　显微镜下的植物花粉

6.2.3 植物花粉过敏的发病机理与症状

人体接触一些有害物质后，出于自我保护的需要，人体的免疫系统会产生针对这种物质的抗体，抵抗有害物质的侵害。而过敏，在医学上称为变态反应性疾病，也可以理解为"过度敏感"。过敏体质的人，即体内免疫功能有先天性缺陷的人，却对无害的东西，例如鱼、虾里的蛋白质，也产生抗体，产生一系列有害于人体机能的反应，表现为组织和器官受损、生理功能紊乱，这就是过敏。植物花粉过敏，就是过敏体质的人，其免疫系统对入侵体内的植物花粉产生抗体，导致身体产生一系列不正常的反应。

不是所有植物花粉都能引起人体的过敏反应，有些花粉的颗粒较大，其直径约为 12~60μm，这些都不能使人体产生过敏，只有小于 5μm 的植物花粉才能直接被吸入气管，引起哮喘。因为最先接触它的是鼻、眼的黏膜和结膜，植物花粉过敏最常见的症状是五官过敏。比如鼻过敏，喷嚏、流涕不止，有时甚至会发生鼻塞，特别是早晨的时候。有时候还会出现鼻、眼、耳朵奇痒，少数病人还会发生哮喘。除此之外，植物花粉过敏还会诱发皮肤湿疹，严重时还伴有胸闷、气短、喘息、瞌睡、腹泻等症状，如果不及时治疗会导致休克或者死亡。所以，植物花粉引起的过敏不能忽视。

图 6-12 整天打喷嚏，怎么回事？

6.2.4 防止植物花粉过敏的措施

植物花粉过敏的防护措施有很多，其中最主要的是减少与植物花粉接触的机会。了解在不同季节和天气条件下花粉存在形式和浓度，对防止植物花粉过敏有重大的意义。一般来说，春季的花粉以树木类为主，致敏性较弱；夏秋季的花粉主要是以草木类为主，特别是以菊科的蒿属、桑科的葎草的致敏性最强。所以夏、秋季的花粉过敏患者比春季要多，症状也比较严重。此外在晴朗少云、气温较高、干燥且风速较大的天气里，花粉在空气中的浓度较高，花粉过敏症患者人数增加，症状也较重。反之亦然。

其次，有些花卉可以当做食物来食用，因其天然色素比较多，比一般蔬菜的抗氧化、清除人体内自由基的作用比较大，可以延缓衰老，有美容、养颜的作用。但不是所有花都可以食用，因为能吃的花并不多。有过敏体质者尤其注意，本节所介绍的案例中，就有食用植物花卉过敏的。

图 6-13　花儿花儿我爱你!

因此，花粉过敏患者在日常生活中可以通过以下措施来防止植物花粉过敏：

（1）尽量减少外出，特别是在植物花粉浓度较高的季节，如果必须外出，应该戴上口罩。

（2）在花盛季节、遇干热或大风天气，可关闭门窗，必须开窗时应挂湿窗帘，以阻挡或减少花粉侵入；有条件者可以在室内安装空调或者空气过滤器，使空气经过净化过滤再进入房间。

图 6-14　植物花粉过敏患者
　　　　　出门常戴口罩

图 6-15　花盛季节要及时关闭门窗

（3）应及时收听花粉监测和预报，在花粉高峰期到来之前，花粉过敏症重患者，可在医生指导下服用抗过敏药，及时进行预防。

（4）避免室内养花。

图 6-16　这美丽的花朵背后，存在危险吗？

（5）过敏体质的人在食用花卉时要格外小心，可以先少量吃一些，确定没有过敏反应之后再放心食用；如果产生过敏反应，以后应该避免再次食用。

（6）严重的花粉过敏患者在致敏花粉播散季节可考虑换地方居住或工作。

6.2.5　植物花粉过敏的治疗方法

植物花粉过敏症状来得快，去得也快，在产生花粉过敏症状时应该及时治疗，以防止病情恶化。下面简单介绍一下治疗花粉过敏的方法：

（1）可以口服扑尔敏、开瑞坦等抗组胺的药物或者安定等镇静类的药物。

（2）用 10% 的葡萄糖酸钙进行静脉注射。

（3）症状较轻者可以用冷水敷过敏症状出现的部位，严重者可以在医生的指导下用皮质激素类药物，如地塞米松、樟脑霜等涂于患处。

（4）对于明确致敏花粉的患者，可以去医院采取脱敏治疗。

（5）患者的心理素质很重要，因为花粉过敏具有反复发作的特点，往往产生烦躁、忧虑、易激怒等消极情绪，因此，患者在治疗的过程中，要防止稍有好转即不再坚持治疗的淡化心理，更要防止产生悲观消极心理，应该树立战胜疾病的信心，同时保持愉快、乐观的生活态度。

6.3　人体、动物、土壤和植物碎屑携带的细菌和病毒

最近一段时间，在报刊新闻杂志上或是电视上我们经常可以看见或听见"超级细菌"这么一个词。到目前为止，我国共检出 3 例"超级细菌"病例，其中一人因肺癌死亡。而在世界上的其他国家也同样发现了"超级细菌"的病例。

其实不仅仅是"超级细菌"，我们生活的周围每天都会接触到不少细菌

和病毒，它们都是十分微小，用肉眼无法识别，只能通过显微镜才能看见的微生物，它们就生活在我们周围的，而且数量也非常多，我们每天都接触它们。准确来说，我们一直就生长在一个充满细菌和病毒的空间中，如图 6-17所示。

图 6-17   救命啊，细菌在室内满天飞

最典型的事件是上海毛蚶事件，1987 年 12 月至 1988 年 3 月上海发生因食用不洁毛蚶而引起甲型肝炎暴发性流行事件，造成 30 万上海市民染上肝炎，31 人直接死于本病。经过卫生防疫部门的跟踪检疫，确定病发原因为毛蚶自身携带的甲型肝炎病毒所致。

细菌、病毒的传播有三个条件：传染源、传播途径以及易感人群，且绝大部分是通过空气传播的。别看这小小的、用肉眼无法看到的细菌和病毒，它们带米的危害往往是十分严重的，有一些细菌和病毒所导致的疾病会将人置于死地。因此如何做好预防工作，尽量避免细菌和病毒的侵袭就显得十分重要，下面，我们着重认识一下人体、动物、土壤和植物碎屑携带的细菌和病毒及其预防。

6.3.1   人体所携带的细菌和病毒与防治

由于细菌病毒无处不在，而且种类繁多，人们每时每刻都与细菌病毒接触，如果我们的身体免疫系统不强，就会使我们身体得病。美国科罗拉多大学的奈特（Rob Knight）和科斯特洛（Elizabeth Costello）等人最近采集人体 27 个不同部位的细菌样本，发现耳孔、鼻孔、嘴、腋下、肚脐、直肠、膝盖、腘窝、头发、食指和手指等部位的细菌种类都各不相同。肚脐、前额、腋的细菌种类较少，而腘窝、手掌、前臂的细菌种类则非常多。而且多数人皮肤表面的细菌远比肠细菌种类多，每个人的细菌种类也相当个性化。

我们经常接触的细菌病毒有霉菌、尘螨、军团菌、病毒性肝炎病毒、艾滋病病毒等等，这些细菌病毒往往诱发人体出现过敏性变态反应、呼吸道疾病或者肠道疾病等。迄今为止，已知的能引起呼吸道病毒感染的病毒就有 200 种之多。

只有让细菌和病毒远离我们，才能拒疾病于千里之外。我们可以从以下几点来预防人体细菌和病毒：

（1）勤洗手，特别是饭前便后要洗手。正确的洗手方法能有效地防止肝炎、流行性感冒等传染病，比如至少用 10s 时间洗擦手指，尽量不与别人共用纸巾或毛巾。

（2）保持良好的个人卫生和环境卫生，这是最重要的一点，就像肠道类的一些疾病，与个人的卫生状况密切相关。每当到这些疾病的高发季节，专家给我们的建议就是个人应养成良好的饮食卫生习惯，对于不洁净的食物和水不要去吃或喝，这也是病从口入的道理，一定要"吃熟食、喝开水"。

图 6-18 勤洗手

（3）平常生活中尽量做到生活规律，合理饮食，充足睡眠，心态平和，养

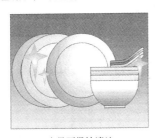

食具要保持清洁

经常清理家居厨房和洗手间

垃圾要放在有盖的垃圾桶内

消灭苍蝇蟑螂、保持家居清洁

图 6-19 良好的个人卫生和环境卫生

成良好的生活习惯。对于有细菌或病毒的物品，需要进行消毒等等。同时，还要积极锻炼自己的身体，增强自身的免疫能力。

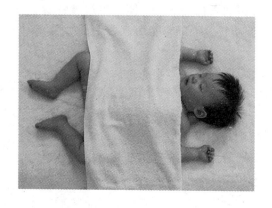

图 6-20　睡眠要充足，身体才会棒哦

　　（4）掌握一些简单的急救知识，一般有关家庭防病书籍和网络上都有常用的急救知识。

图 6-21　家庭疾病预防手册

6.3.2 动物携带的细菌和病毒与防治

除了人体之外，动物身上也通常会招致一些细菌和病毒，而当人类与它们接触后又会传染到人的身上。关于动物疾病的消息不断惊扰着全世界的神经：禽流感、口蹄疫、狂犬病、疯牛病、猴天花、西尼罗与埃博拉病毒、SARS 等。

提起 SARS 爆发的时候，我们还是心有余悸的。它的病因是 SARS 冠状病毒，当时的疫情造成 1700 多人感染，夺走 299 条人命，香港成为 SARS 死亡率最高的地区，市面萧条、游客寥寥，造成直接经济损失超过 38 亿港币，失业率蹿升到 8.7%，创下历史新高。随后科学家们从野生动物果子狸身上分离出了三株冠状病毒与 SARS 病人体内分离出的病毒十分接近，由此而推测引起 SARS 的冠状病毒可能来源于果子狸。除了果子狸之外，还在山猪、黄骊、兔、山鸡、猫、鸟、蛇、獾等多种动物体内检测到病毒阳性结果。但并非所有的果子狸都带病毒，最初在某些果子狸的身上也许只存在少量 SARS 样病毒，在不卫生的环境中，病毒逐渐增多，而人类对这种病毒没有抵抗力，感染上之后，就引起了流行。在广东，吃野味被认为是高档享受，果子狸和穿山甲等兽类被大吃特吃，增加了人类与动物的不正常的接触方式。而且由于需求量增加，饲养不当，使动物的生存环境恶化，病毒得以大量繁殖。

图 6-22　SARS 来临时，防护措施要做足

甲型流感所带来的灾害也同样令人震撼。1918 年第一次世界性流感大流行时，不仅人类的死亡病例达到 4000 万~5000 万人，猪也病死惨重；1957 年第二次流感大流行的病毒株是由 I11N1 病毒和禽流感病毒重组的 H2N2 病毒所致；1968 年由 H3N2 病毒株引发了又一次流感大流行。1976 年，美国新泽西州迪克斯堡曾经发生猪流感，导致超过 200 人感染，1 人死亡。随后，超过 4000 万人接种了流感疫苗，然而疫苗接种却造成 500 多例格一巴二氏综合征（一种严重的神经麻痹），30 人直接死于接种疫苗副作用，疫苗计划被迫停止。20 世纪发生的几次流感大流行都是由禽流感病毒直接或通过猪等中间动物传染与其他流感病毒重

组形成人群对其无足够的保护性抗体所致。猪、家禽等温良的动物是个包容性极强的宿主，可以从人类、鸟类、其他动物身上接纳流感病毒。在它体内，各种流感变体共享基因，重新组合，使病毒发生巨大变化。

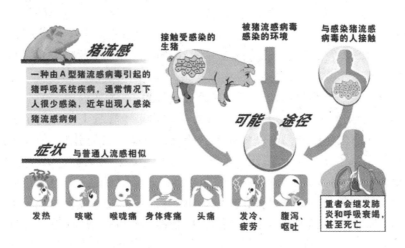

图 6-23　人感染猪流感的途径和症状

　　除此之外，疯牛病也曾引起人类恐慌。疯牛病（Mad Cow Disease）即牛海绵状脑病（BSE）是发生在牛身上的危害牛中枢神经系统的退行性神经系统疾病。多数病牛中枢神经系统发生病变，行为表现反常，烦躁不安，对声音和触摸，尤其是对头部触摸过分敏感，常表现出攻击行为。病牛步态不稳，经常乱踢，以至摔倒、抽搐、退化。疯牛病于 1985 年 4 月首先发现于英国，于 1986 年 11 月定名为 BSE，1987 年由 Weels J. J. 等人正式报道。1996 年 3 月英国公布了一项专家研究报告，提出疯牛病可能通过食物传染人，使人患一种新型变异型克-雅氏病（new varisnt Creutzfeldt-Jakob disease，vCJD）。克-雅氏病是一种致死性神经疾

图 6-24　好恐怖，疯牛病能传人

病，先期症状是失去记忆，进而全身瘫痪，失去一切身体功能，三个月内会死亡，目前无任何有效治疗手段。据统计，英国有近50万人有潜在感染 BSE 的威胁，他们都处于长短不同的潜伏期中，研究人员估计，如果处理不当，2020 年后，人的 BSE 即变异型克-雅氏病将成为比艾滋病更加可怕的传染病。

迄今现代医学所认知的 1145 种人类传染性疾病中，有 62% 的病种来源于动物。目前，全世界已证实的人畜共患传染病和寄生性动物病有 250 多种，其中较为重要的有 89 种，我国已证实的人畜共患病约有 90 种。近 30 多年来，世界上出现了 40 多种新病原，其中大部分是新病毒，而且是人畜共患或起源于动物的新病毒。一些原有的人畜共患或起源于动物的病毒病，也发生了变异并出现新的流行。

专家们指出，人畜共患或起源于动物的病原疾病，对人类的威胁正在加大，必须建立人畜共患病防控体系，实现跨学科跨部门与地区间、国际间的整体合作，并将动物源性疫病作为全球疾病预防、监测、监控和防治的一个重要组成部分。

图 6-25　快走！这牛可能有病毒！

这些人畜共患疾病频频突袭人类，在提醒我们注意动物身上细菌和病毒的预防，说到底还是主要防止它们传播到人类身上。人畜共患病对人类的直接威胁来自于不健康的生活、饮食习惯、与动物过分亲密的接触以及食用患病或带有病毒病菌的动物。所以，我们可以从以下措施来保护自己，免受动物携带的细菌病毒的危害：

（1）我们在与动物接触频繁的时候，要注意个人卫生，当皮肤有破损时，要特别注意防止从动物身上感染上病毒或病菌；

（2）养宠物的人，要学习一些有关人畜共患疾病的知识，定期让宠物打预防针，同时要意识到与宠物拥抱、亲吻或者同桌吃饭、同床就寝等过分亲热的行为都是不卫生和有害的。在被怀疑患狂犬病的动物咬伤时，要立即求医救治；

（3）饮食上要讲究卫生，选用经过检验的乳、肉、蛋等食品，提倡熟食；

图 6-26　保持个人和动物的卫生，远离病毒！

图 6-27　小动物疾病防制

（4）对于家养的宠物，要定时到指定的医院对其进行检查注射疫苗，并登记备案；

（5）带动物外出不要让其乱跑，乱吃东西；

（6）不要滥食野味，远离并爱护野生动物。

6.3.3　土壤里的细菌和病毒及其危害

说到土壤中的细菌，土壤中含有大量的微生物，土壤中的细菌来自天然生活在土壤中的自养菌和腐物寄生菌以及外来的细菌。外来的细菌主要来源于人畜的粪便、垃圾、生活污水和医院污水等。

它们大部分在离地面 10～20cm 深的土壤处存在。土层越深，细菌数越少，而暴露于土层表面的细菌由于日光照射和干燥，也不利于其生存，所以细菌数量少。一般来说，进入土壤中的病原微生物容易死亡，但也有例外的，如痢疾杆菌能在土壤中生存22～142天，结核杆菌能生存一年左右等。土壤中的微生物以细菌为主，放线菌次之，另外还有真菌、螺旋体等。土壤中微生物绝大多数对人是有益的，它们参与大自然的物质循环，分解动物的尸体和排泄物；固定大气中的氮，供植物利用；土壤中可分离出许多能产生抗生素的微生物。但有些细菌跟人类的某些疾病有着密切的关系，比如，一些能形成芽孢的细菌如破伤风杆菌、气性坏疽病原菌、肉毒杆菌、炭疽杆菌、肠道致病菌、肠道寄生虫、钩端螺旋体、霉菌和病毒等，它们与创伤及战伤的厌氧性感染有很大关系，而且这些细菌可在土壤中存活多年。

图6-28 这看似干净的土壤，里面含有各种各样的细菌及病毒，你相信吗？

用未经处理的人畜粪便、垃圾作肥料，或者直接用生活污水灌溉农田，都会使土壤受到原体污染。首先被污染的土壤会传播伤寒、副伤寒、痢疾、SARS病毒、病毒性肝炎等传染病，而这些传染病的病原体随病人和带菌者的粪便及其衣物、器皿的洗涤水污染土壤，再通过雨水的冲刷和渗透，病原体又被带进地面水或地下水中，进而引起这些疾病的暴发流行。

其次被有机废弃物污染的土壤是蚊蝇滋生和鼠类繁殖的最佳场所，而蚊蝇和鼠类又是许多传染病的媒介，因此，被有机废弃物污染的土壤在流行病学上被视为特别危险的物质。还有些人畜共患的传染病以及与禽有关的疾病，如禽流感，可通过土壤在禽类之间或人禽间传染。

此外，由于人类的活动，土壤灰尘中含有细菌、病毒以及霉菌，通过大气扩散，可以导致呼吸道疾病如哮喘病的急剧增加，土壤中的细颗粒物质也会通过大气被人体吸入，在肺泡中积累引起支气管炎、癌症等疾病。

6.3.4 植物碎屑携带的细菌和病毒与危害

一般侵入到植物体内的都是一些细菌，同样，这些细菌也可以让植物患病。

而如果它们侵入到一些农作物中，就会导致农作物的死亡，导致大面积农作物的损失，后果也是相当严重。不同的细菌也会导致植物的致病类型不同，如叶斑啊，叶枯啊，腐烂等等。

其实不光对植物，一些植物碎屑携带的细菌和病毒还可以给我们人类造成危害。每年的春暖花开的季节，最适宜人们出游旅行了，可是很多人旅行回来后皮肤都会出现一些问题，比如风疹、红斑、斑丘疹、皮肤瘙痒等症状，称之为植物性皮炎。很多人也许并不知道什么样的植物能引起植物性皮炎，下面举一些常见的例子。

仙人掌、万年青类植物的根、茎、叶花内含有一种高度刺激性的白色乳状液体，一旦人的皮肤接触到这些液体，便会出现红斑、大疱或者脱毛。

荨麻科植物，如窄叶荨麻、小果荨麻、异株荨麻等，表面粗糙的刺毛中含有几种可以使人产生过敏性反应的物质。这些物质与人的皮肤接触，就会使人产生过敏性反应。

茴香、金凤花、佛手柑等植物也含有使人的皮肤对日光过敏的物质，人的皮肤接触到这些物质后，如果在阳光下暴晒几小时，该部位就会出现伴有灼痛感的红斑、水疱等，更严重的是这些水疱在第二天往往融合成大疱，对人的皮肤造成严重的危害。

有些放在家里作为观赏的盆景，如火鹤花、波士顿藤水芋、花叶万年青、康乃馨、水仙、冬青果、一品红、欧洲火棘果、金香球根等，人们如果接触到它们的花粉、叶子等都会使皮肤起疹，或者引起身体的其他不适反应。如果不小心吃到肚子里，还会使人中毒，如果不及时治疗，将危及到人的生命。

图 6-29　室内养花要注意！

6.4　尘螨以及猫、狗和鸟类身上脱落的毛发、皮屑

通过上一节介绍得知，人体、动物、土壤和植物碎屑会携带细菌和病毒，而

且知道细菌病毒无处不在，其种类之多、数量之大、对人体健康造成的威胁正日益引起人们的广泛关注与重视。

6.4.1 尘螨

尘螨是最常见的空气微小生物之一，是一种很小的节肢动物，肉眼是不易发现的。室内空气中尘螨的数量与室内的温度、湿度和清洁程度有关，是引起过敏性疾病的罪魁祸首之一，最典型的是哮喘，还有过敏性鼻炎、过敏性皮炎、慢性荨麻疹等，上海医科大学医学螨类研究所的温教授研究证明：螨虫对新生儿和儿童所带来的病痛和不适，甚至可能伴随终身。

6.4.1.1 两个案例

2007年2月15日至4月23日，某医院住院患者和陪护人员中有31人先后反复出现皮肤潮红或粉红色皮疹，瘙痒剧烈。患者开始多以头面部、手及脚部等常暴露处皮肤出现发痒、潮红，继而全身出现粉红色皮疹、剧烈瘙痒，且反复出现。严重者出现头、面、手部水肿，皮肤抓伤痕迹明显，无发热、头痛和其他不适表现。夜晚症状更明显，陪护人员较住院患者重，陪护时间超过一个星期以上者症状更严重。经医院诊断是由于尘螨引起的过敏性皮炎。

2009年7月至2010年7月对某医院儿科门诊和住院治疗的过敏性疾病患儿进行调查，发现1136例过敏性儿童，其中男679例，女457例，男女比例1.49∶1；平均年龄（5.5±3.5）岁（6个月～14岁），根据年龄分为3组：婴幼儿组（6个月～2岁）278例，学龄前期组（2～6岁）455例及学龄期组（6～14岁）403例。这1136例过敏儿童前三位的过敏原分别是尘螨（774例，68.13%）、家尘（557例，49.03%）和牛奶（411例，36.18%），多数患儿（66.11%）对2种及以上过敏原过敏，检出单一过敏原者仅为6.87%。

由此可见，尘螨已经成为现代人日常生活中不可忽视的疾病隐患。那么究竟"尘螨"怎么危害人们的健康呢？

6.4.1.2 尘螨和尘螨的生长"福地"

尘螨是用肉眼看不到的很小的微生物，专门靠刺吸人体皮肤组织细胞、皮脂腺分泌的油脂为生的寄生虫。其排泄物最终作为灰尘进入空气中，从而污染空气。它们是至今世界上已知的最强烈的过敏原，是引起过敏性哮喘、鼻炎、湿疹等过敏反应的罪魁祸首。它们主要寄生在床垫、地毯、枕垫、坐垫毛绒玩具以及摆饰

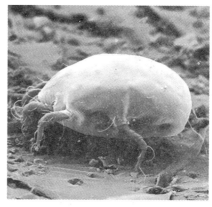

图6-30 显微镜下的尘螨

品等各种纤维物品中。在空气不流通、天气闷热、湿度大的环境中最适合尘螨生长繁殖了。人体接触尘螨后极易受叮咬而感染。

生养尘螨的"福地"主要有室内和公共场所的空调。因为在装有室内空调的地方，比如大多数的办公楼、写字楼、饭店、旅馆等，全部采用封闭房间的门窗密封，室内的空气与室外的空气对流减少，室内的通风情况比较差，不利于室内污染物的排放与稀释。与此同时，空调房里面的温度一般为十几度到二十几度之间，特别适宜尘螨的生长。这些尘螨特别喜欢滋生在空调的过滤网上，久不清洁，过滤网就会布满尘螨，当空调一开，吹出来的风将夹杂着尘螨、灰尘、细菌等，可引发大规模的尘螨感染。

公共场所的空调，比如公交空调车、地铁空调等，因大量的人流与物流，造成灰尘、尘螨、霉菌等大量存在。如果不经常清洗，空调的风管、出风机就成了细菌病毒生存繁殖的最佳场所。随着空调的打开，这些尘螨、细菌、病毒等被空调的风吹出来，进入到空气中与人体接触，危害人体。这看似非常舒适的环境，冬暖夏凉的，其实隐藏着无数的健康杀手。你，害怕吗？

6.4.1.3　尘螨对人体的危害

人体中最容易遭受尘螨袭击的部位是额面部，其中包括鼻子、眼睛周围、唇、前额、头皮等，其次是乳头、胸、颈等部位。尘螨少量寄生的时候没有明显的症状或者有轻微痒感或刺痛，局部皮肤会略为隆起，成坚实的小结节，呈红点、红斑、丘疹状，可持续数年不愈。尘螨寄生在人体的皮肤，吸取人体皮肤的同时，还会破坏毛囊皮脂腺，使得皮肤毛孔增大，毛囊堵塞，出现痤疮和黑头，皮肤粗糙、发硬。严重时还会引起炎症，导致皮肤早衰。据统计，成年人感染率高达 97.68%。

尘螨的分泌物、尸体等经分解成为微小颗粒，当空调开放、人走动、铺床叠被、打扫卫生等，随之飞扬到空气之中，可以引发人体的过敏性哮喘、过敏性鼻炎、过敏性皮炎等，据统计，80% 以上的疾病都是跟尘螨有关。

最可怕的是，尘螨还会传染他人致病。由于新生儿或者儿童的抵抗力比较弱，被传染的机会也大，有些尘螨感染所带来的疾病，可能伴随终身。

6.4.1.4　控制居家尘螨小贴士

尘螨虽不能完全杜绝，但可以通过采取一些措施最大限度地减小对人的危害。

（1）加强室内通风换气，降低室内相对湿度。通风换气可以迅速地稀释和降低病原体的室内浓度，减少病原体与人体接触的机会。一般装空调的房间开机 1~3 小时后关机，然后开窗更换新鲜空气。另外将相对湿度控制在 60% 以下是控制尘螨及其过敏原水平最常用的方法。最近研究显示，室内使用高性能吸湿机和空调机降低相对湿度，对降低尘螨的总量既实用又有效。

（2）保持床上用品的清洁。每天洗头，同时床单、枕套、毛毯、床垫套等床上用品每周用不低于 55℃ 的热水洗一次，可杀死尘螨和绝大多数尘螨过敏原。

图 6-31　保持床上用品的清洁，远离尘螨

（3）地毯、窗帘和家庭装饰必须经常更换。地毯、窗帘和家庭装饰织物积聚了碎屑残片，为尘螨繁殖提供了最佳的栖息地。在潮湿地区，应将地毯换为硬面，窗（布）帘或遮光帘应换为百叶窗，家具可用木制家具。

（4）真空吸尘器清洁地毯。地毯最容易积聚灰尘，而用扫帚等无法清除干净里面的灰尘，真空吸尘器的吸尘能力比扫帚大大提高。

（5）及时清洗空调过滤网、风管等组件。要彻底除螨，最好每隔 2～3 天清洗过滤网上的灰尘，可以选用磷灰石抗菌除臭过滤网，因其比其他过滤网的吸附灰尘、尘螨、花粉的能力强 3 倍。但也要定期清洗。

（6）冷冻条件一定时可以杀死软玩具和小件物品上的尘螨。冷冻软玩具和小件物品在 −17℃ 至 −20℃ 的条件下不少于 24 小时后，再清洗这些物品以去除死螨。

6.4.2　猫、狗和鸟类身上脱落的毛发、皮屑

随着社会经济的发展，人们的生活条件不断提高，很多人在解决了自己的温饱问题以后，开始在家里养宠物。猫、狗和鸟类是家庭最常见的宠物，这些小动物都是外表十分可爱，让人怜惜。可是，这些家庭宠物上脱落的毛发、皮屑有可能是人类健康的杀手，你了解过吗？

宠物皮屑及其产生的其他生物活性物质，如毛、唾液、尿液等对空气的污染也会带来健康危害，甚至使人产生过敏反应。据调查，有宠物房屋内的过敏反应原浓度是无宠物房屋内的 3～10 倍。普通人群中对猫、狗的过敏反应原产生过敏反应的大约占 15%。因此，喂养宠物的室内空气环境会使这部分人群的哮喘、过敏性鼻炎等过敏性疾病发生率升高。

除此之外，一般情况下，猫、狗、鸟类身上都会携带各种各样的细菌病毒，人与它们身上脱落的毛发、皮屑等接触后，会传染给人，使人体患病。已知猫、狗和鸟类等宠物与人类有直接关系的共患病有70多种，包括病毒、细菌、衣原体、立克次体、真菌、寄生虫和舌形虫、环节动物、节肢动物等。猫、狗、鸟类等宠物常成为某些人畜共患病的重要传播途径。下面将要介绍以下几种典型的疾病。

6.4.2.1　猫与弓形虫病

弓形虫病是弓形虫引起的一种寄生在细胞内的原虫病。该病是一种人畜共患病，家猫是传染弓形虫病的祸首。一旦猫染有弓形虫，其排泄物，如毛发、皮屑、唾液、粪便等都含有弓形虫。当人与猫或其排泄物接触后，如用手抚摸猫、猫舔了人的手或脸或不及时清除猫的排泄物，便有可能感染上弓形虫病。弓形虫病的危害非常大，可损害脑、心、肺、眼、皮肤等组织，甚至出现人体组织、器官坏死的症状；还可造成孕妇早产、流产、胎儿发育畸形等和造成免疫功能低下患者（如艾滋病病人、器官移植患者、肿瘤患者等）的死亡。据调查得知，农村猫的弓形虫感染率为44.89%，城市猫的感染率19.64%。

有一位女士婚后连续2次早产，产下的都是死婴，令她悲愤不已。怀第三胎，她吸取教训，特别注意孕期保健，期望能生个健康的孩子。十月怀胎，一朝分娩，遗憾的是，产下的依然是一个"先天性脑积水"畸形胎儿，不久便夭折了。经医生诊断，总算查出祸根。原来该女士喜欢玩猫，导致她数次早产及胎儿畸形的罪魁祸首正是她那只心爱的形影不离的大白猫。

图6-32　弓形虫病的传染途径

弓形虫的危害不仅严重，而且发病率很高，世界各地平均感染率为25%～50%。在我国北京地区，育龄妇女平均感染率为29.2%，而且随着宠物热的升温，发病率还会上升。因此，宠物猫引起的弓形虫病应引起我们的重视。

所以，育龄妇女们最好不要养猫或者与猫接触，万一接触后一定要用肥皂彻底清洗接触部分，以免后患，必要时要到医院检查有无阳性反应，若前期（三个月前）感染要做人流，中后期感染要服药，直至分娩。

6.4.2.2　狗与狂犬病

　　狂犬病，一个非常熟悉的名词，它是一种古老的为欧亚人民所熟知的可怕人畜共患病，俗称疯狗病，是一种由狂犬病病毒引起、主要侵害中枢神经系统的急性传染病。动物患病后，主要表现为极度的神经兴奋而致狂暴不安和意识障碍，最后因发生麻痹而死亡。人类表现为脑脊髓炎等症状，亦称恐水症。该病主要传染源是狗，且主要经患病动物咬伤而感染，在少数情况下也可由病犬、病猫舔触人和动物伤口而感染，人和动物还可以经由呼吸道、消化道和胎盘感染等非咬伤途径传播。自 1980～1994 年全国累计死于狂犬病的人数高达 6 万多。仅 1988 年一年内被狗咬伤的人数上百万，5000 人死于狂犬病。这个数字难道还不能引起我们的注意吗？

　　河北农村有一只疯狗咬伤了猪，猪又咬死了鸭子，一位农民舍不得丢掉自家被猪咬死的鸭子，在处理鸭毛的过程中感染了狂犬病；广西有个青年用手摸了打疯狗的棍子，5 个月后患狂犬病而死；黑龙江省有一人因不慎用手触摸了扁担，19 天后狂犬病发作；广西一位妇女，因她的孩子被狗咬伤腿部，裤子撕破，她在缝补破裤子时用牙咬过缝线，后来患狂犬病死亡。以上所有例子都说明了狗身上脱落的毛发、皮屑都有使人患狂犬病的可能。

图 6-33　狂犬病及预防

　　狂犬病疫苗是 1885 年法国微生物学家巴斯德（1822～1895）创造发明的，他的发明拯救了千千万万人的生命。可是近年来医学界发现，曾注射过狂犬病疫苗或者同时注射过抗狂犬病血清的人，同样也会发病死亡，这是什么原因呢？这种免疫失败与伤口内存留的病毒过多有关。防治狂犬病，我们可以从以下几点入手。

（1）一旦被狗、猫抓伤和咬伤的人一定要立即护理好伤口和注射疫苗。最好是在咬伤后立刻用 20% 肥皂水或者凉开水以流水法冲洗 20min，使局部存留的病毒减少到最低程度，再用 70% 酒精及 2% 碘酒消毒，然后再注射狂犬病疫苗及抗狂犬病血清，伤口不宜包扎、缝口。

（2）狂犬病人的唾液也有细菌，护理病人一定要注意，一旦被病人咬伤、抓伤，也需用上述相同措施处理。

（3）打死的患病动物必须焚烧和挖坑深埋，千万不要剥皮、吃肉。

有时狂犬病不一定是狂犬所传，因为猫、猪、牛等家畜以及狼、狐狸等野生动物也会传染狂犬病。狂犬病的预防措施是每年定期给犬注射狂犬疫苗，但母犬还没有更好的防治措施。

6.4.2.3　养鸟引发的疾病

鸟儿有着一身美丽的羽毛，而且歌声婉转动听，深得广大群众喜爱，因此，越来越多人喜欢养鸟，然而，养鸟也有非常危险的一面。家庭养鸟最大的风险是它们的身上脱落的毛发和皮屑会携带各种各样的细菌病毒，污染居室环境和传染疾病。常见的疾病包括"鸽子肺"和"鹦鹉热"。

（1）鸽子肺，是吸入鸽子排泄物，如粪便、皮屑等过敏原引起的肺泡毛细血管的过敏反应。此病容易使肺部组织纤维化，肺功能低下，并有可能带来呼吸系统的其他疾病。临床分为急性、亚急性与慢性 3 种类型：急性型颇似感染性疾病，在吸入抗原后 4～8 小时出现症状，有发热、畏寒、出汗、头痛、恶心、干咳、疲乏和气急等，脱离抗原后 24～48 小时症状逐渐消失；慢性型多为急性型反复发作的结果，发病隐袭，有咳嗽、气急、乏力与消瘦等

图 6-34　鸽子背后的隐患，你知道多少?

症状，呈进行性发展，有时可见紫绀、杵状指（趾）。胸部 X 光片显示急性型肺炎呈弥漫性统一的模糊小结节状或斑片与条索状间质性浸润；慢性型则呈进行性纤维化。

（2）鹦鹉热，是由鹦鹉本身所感染的鹦鹉热衣原体一起的一种传染病。这种病首先发生在鹦鹉的身上，然后传染给人，引起发热的症状，所以称之为"鹦鹉热"。一般情况下，人不与鹦鹉直接接触，所以它的感染途径主要是：当感染鹦鹉热衣原体的鹦鹉或者其他家禽类的动物患病后，随着它们在空中活动，它们脱落的毛发、皮屑、粪便等排泄物悬浮在空气中，人吸入了含有此类污染物的空气后就会被感染而得病。鹦鹉热临床症状是，体温逐渐升高，可达 40℃ 以上，

图 6-35 漂亮的鹦鹉也可能是
一个隐形的杀手

伴剧烈头痛、肌痛、关节痛、乏力、相对缓脉。1 周左右可出现咳嗽、咳少量黏痰或痰中带血。病原体侵入肺部引起小叶性或间质性肺炎，侵及肝脏可出现局部坏死，脾可肿大。心、肾、神经系统以及消化道均可受累出现相应症状。

家庭养的鸟又称笼鸟，笼鸟的疾病防治要以预防为主，要经常对笼舍进行消毒，采取必要的防疫措施。平时饲养过程中应留心观察，随时注意其食量和粪便的变化，观察其精神状态、活动情况和休息姿态是否正常。

家庭养鸟在日常的管理方面，应注意以下几点：

（1）清洁卫生。饮水用具和水缸要每天清洗，粪便应及时打扫，食缸也应定期清洁；

（2）鸟体的整理。长期生活在笼内的鸟易折伤羽毛，又因运动不足，爪、喙失去磨炼机会，致使爪、喙增长或因羽毛被粪便污染形成积垢，这些都需饲养者加以清理，使鸟体形态匀称美观，符合观赏要求；

（3）水浴。鸟是一种很爱清洁的动物，笼鸟大都喜爱水浴。水浴可清除鸟体污垢，也是鸟的一种运动和享受，对鸟的健康有利，因此要满足它们这种有益的本能要求，每天或隔天让它们水浴一次。

对笼鸟精心照顾，不但能够使它们拥有一个相对舒适的生存环境，还能促进人与鸟相互沟通，达到陶冶情操、磨炼心性的目的。

6.4.2.4 控制和预防由动物引起的疾病的小贴士

为了防止由动物引起的疾病，特提出如下建议：

（1）减少家庭宠物的数量或者尽量避免家庭养宠物。

（2）提前接种疫苗，特别是新生儿和儿童等免疫力较弱的群体。

（3）如果家庭养了小宠物，一定要搞好环境卫生。比如，对于狗、猫的排泄物或者身上脱落的毛发、皮屑一定要及时处理好。同时训练小宠物不随地大小便的习惯。

图 6-36 敢养我？你会后悔的

（4）注意个人卫生，规范生活行为。对于任何一个人，都应当做到勤洗手、勤洗澡、勤换衣、勤理发、勤剪指甲等。

图 6-37　生活行为对疾病的预防很重要

（5）不能与动物过分亲密接触，比如亲吻小动物或与它们共同进餐、入睡等。

（6）不吃不明死因、来历不明或者野生动物的肉体。

图 6-38　哈哈，捡了个宝了，真是太棒了

（7）被小动物咬伤后要及时到医院进行清洗、消毒处理，再进行疫苗注射。

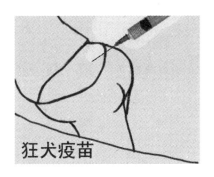

图 6-39 被动物咬伤赶紧打疫苗

（8）平时要注意身体锻炼，增强我们的个人体质。

图 6-40 我爱运动，我爱健康

第7章 物理污染与环境保护

7.1 视觉污染

7.1.1 典型事例

2010年11月10日广西新闻网——《当代生活报》报道这样一个场景：不用开灯，家里却"灯火通明"，这是南宁市教育路一居民家里的情况。由于该宿舍楼处于教育星湖路口，家里被市政高杆路灯、酒店招牌灯等光亮照射，居民夜晚休息深受影响。

其实，现在这样的事情越来越多，不知道从何时起，光污染已经成为继水污染、大气污染、噪声污染、固体废物污染之后的第五大污染，眼花缭乱的霓虹灯箱广告、铺天盖地的海报图片蔓延开来，这几乎成为每个城市面临的共同烦恼。因此，为了防止视觉污染，我们有必要了解视觉污染的知识。

7.1.2 什么是视觉污染

所谓视觉污染是指城市建筑不美观、城市规划布局不合理、色彩不和谐、园林雕塑无美感、人的精神面貌不佳等现象，并通过视觉给人造成的不快，从而对人的身心健康产生直接的影响和危害。

7.1.3 视觉污染的来源

视觉污染包括广告污染、建筑污染和光污染，其中光污染通常分为以下三类：

（1）白亮污染，指在强烈阳光照射下，城市建筑物的玻璃幕墙釉面砖、铝合金、磨光大理石等反射光线，造成炫眼夺目，反射强度比一般的绿地、森林和深色装饰材料大10倍左右，大大超过了人体所能承受的范围，使人分不清东南西北；

（2）人工白昼，指夜幕下商场、酒店上广告灯、霓虹灯、景观照明闪烁，令人眼花缭乱，有些强光束甚至直冲云霄，将夜晚打造成白天；

（3）彩光污染，指歌舞厅、夜总会的荧光灯、旋转灯、黑光灯散发的彩色光源污染。

7.1.4　视觉污染的危害

白亮污染会伤害眼睛的角膜和虹膜，引起视力下降，增加白内障的发病率；也会引起头昏心烦、失眠、食欲下降等类似神经衰弱的症状。若反射光汇聚还容易引起火灾，容易诱发车祸。

人工白昼可通过光反射，把附近的居室照得如同白昼，使人夜晚难以入睡，打乱了正常的生物节律，导致精神不振。人工白昼还可伤害昆虫和鸟类，因为强光可破坏夜间活动昆虫的正常繁殖过程。同时，昆虫和鸟类可被强光周围的高温烧死；影响正常的天文观测；使人夜晚难以入睡，导致白天工作效率低下；伤害鸟类和昆虫，破坏昆虫在夜间的正常繁殖过程。

彩光污染不仅有损人的生理功能，而且对人的心理也有影响。长期接受这种照射，可诱发流鼻血、脱牙、白内障，甚至导致白血病和其他癌变，也会不同程度地引起倦怠无力、头晕、性欲减退、阳痿、月经不调、神经衰弱等身心方面的病症。

7.1.5　光污染的防治

为保证人们的正常生活和身体健康，有必要对光污染进行管理和防治。

（1）将光污染列入环境污染防治范畴，制定并严格执行相关的法律法规是防治视觉污染的有效措施，目前，北京首部《室外照明干扰光限制规范》地方标准已于 2010 年 12 月 1 日起实施。

（2）做好城市规划，防止光污染，改善工厂照明条件等，以减少光污染的来源。

（3）加强宣传，提高公民的环保意识。

（4）采用个人防护措施，主要是戴防护眼镜和防护面罩。光污染的防护镜有反射型防护镜、吸收型防护镜、反射吸收型防护镜、爆炸型防护镜、光化学反应型防护镜、光电型防护镜、变色微晶玻璃型防护镜等不同类型。

7.2　噪声污染

一听到刺耳的噪声，人们马上就会感到心情烦闷，噪声污染已经成为继大气污染、水污染和固体废物污染等社会三大环境公害后的第四大公害。而越来越多的噪声正逐渐像瘟疫一样充斥着人们的生活空间，使人烦恼、激动、易怒，甚至失去理智。

7.2.1　噪声污染引发的案件

7.2.1.1　噪声污染损害赔偿案

孙某家的养鸡场从建成以来 10 年间一直经营得很好，后来，某建筑工程公

图 7-1　这噪声讨厌死了，还怎么做作业啊！

司在紧靠她家鸡舍不到 3 米处新建一座预制板厂，该厂搅拌机、振荡器等各种设备发出巨大噪声，致使正在孵化的 1800 只小鸡和已经孵出的 2400 只小鸡相继死掉。鸡场内产蛋鸡全部吓得乱飞乱跳，不得不按肉鸡卖掉，正在下崽的母猪不停地闹圈，不得不处理掉。最终导致孙某直接经济损失 3 万多元。混凝土搅料水直浸住宅墙基，致使家中房屋由于振动和水浸造成下沉，出现裂缝。此外，孙某及家人一天到晚不得安宁，无法正常休息，身心健康受到严重损伤，致使丈夫李某住院半年，全家人已无法正常生活。为此，孙某到环保部门申诉，要求被告单位赔偿养鸡、房屋损失 6 万元，并停止侵害、协助恢复养鸡场。该市环境保护局调查发现，该预制板厂从筹建、投产到扩建均未履行环保"三同时"审批手续，经监测，申诉人家室内噪声 70 分贝，而距声源 5 米处振捣器旁 95 分贝，均超过国家环境噪声质量标准。这是一起因噪声污染致人损害而引起的民事赔偿案。本案中，该预制板厂直接违反了《环境噪声污染防治法》第十三条关于"新建、改建、扩建的建设项目，必须遵守国家有关建设项目环境保护管理"的规定。

7.2.1.2　一起噪声污染致人死亡案

　　该事件发生在 2001 年 8 月 1 日，河北省迁安市建昌营镇塘坊村万田林因不堪忍受噪声污染而自缢身亡。2001 年 8 月 30 日其亲属宋某等四人将噪声污染单位双兴饮料厂告上法庭，要求被告赔偿各项损失 11 万余元。本案被告发出的环境噪声不仅超过国家规定的标准，而且产生了致人死亡的严重后果，毫无疑问干扰了他人的生活、学习等。因此，被告构成噪声污染侵权，合法有据，不容置疑。迁安市人民法院受理此案后，于 2002 年 4 月和 8 月两次开庭审理，判决四被告停止对原告的噪声侵害，赔偿原告 13495 元，并承担案件受理费及实际支出的费用，四被告互负连带责任。一审判决的基础上，又判令何某等四人给付宋某等受害方精神抚慰金 2 万元，并互负连带责任。

从以上案例来看，噪声对人体健康的影响已日益突出，并一再地警示人们，噪声污染不容忽视，正像有人认为噪声是一种新的致人死命的慢性毒药一样。因此，我们更应该认识一下噪声污染的一些基本知识。

7.2.2　什么是噪声污染

什么是噪声污染呢？我们都知道，声音是物体的振动以波的形式在弹性介质中进行传播的一种物理现象。

所以，从物理角度看，噪声是发声体做无规则振动时发出的声音。

而从环保的角度看，凡是人们不需要的，使人厌烦并干扰人的正常生活、工作和休息的声音统称为噪声。一般来讲，人们对 50dB 以下的声音环境感到舒适安静，超过 60dB 就会觉得喧闹，长时间处在 80～90dB 的声环境会焦躁不安，当超过 120dB 时，即使在短时间内，人耳也会感到疼痛，甚至造成听力损伤。

从法律的角度看，我们国家制定的《中华人民共和国环境噪声污染防治法》中把超过国家规定的环境噪声排放标准，并干扰他人正常生活、工作和学习的声音称为环境噪声污染。

7.2.3　环境噪声的来源

7.2.3.1　交通噪声

交通噪声主要指的是机动车辆、船舶、地铁、火车、飞机等交通工具在运行时发出的喇叭、刹车等噪声。由于交通噪声源是流动的，干扰范围大。随着我国交通运输业的发展以及私家车辆数量的迅速增加，交通噪声逐渐成为最主要的噪声来源。

图 7-2　这车吵死了，能不能让人心静一会儿！

7.2.3.2　工业噪声

工业噪声是指在生产过程中由于机械振动、摩擦撞击及气流扰动、电机中交变力相互作用而产生机械噪声、气流噪声和电磁噪声。工业噪声的声级一般较高，对工人及周围居民影响较大。CCTV10《走近科学》节目 2009 年 3 月 3 日曾播出"发抖的楼房"。在安徽淮南市有一栋已经住了近 30 年的砖混结构 5 层楼房，在 2007 年之前，一直没有出现什么异常，可是在那之后，这栋楼的 4 层和 5 层却不停歇地颤抖了起来，而 4 楼以下却没有感觉，不仅如此，同在一个区域的其他楼房不抖，单单是这个楼房抖。为什么会出现这种奇怪的现象呢？经专家研究后发现，距离该楼房一定距离的一家工厂的机械运转时发出的振动跟这个楼房的频率一致所导致。

图 7-3　机械振动，产生工业噪声

环保部 2008 年 9 月 18 日，公布了《工业企业厂界环境噪声排放标准》，其厂界外噪声限值与社会噪声基本相符。

7.2.3.3　建筑施工噪声

建筑施工噪声主要指建筑施工现场产生的噪声。在施工中要大量使用各种动力机械，要进行挖掘、打洞、搅拌，要频繁地运输材料和构件，从而产生大量噪声。建筑噪声强度大，多发生在人口密集地区，因此严重影响居民的休息与生活。

图 7-4　工地施工让居民生活无法安宁

建筑物外部（室外）环境的噪声容许标准，通常以距离建筑物窗外 1 米、高出地面 1.2 米处为典型的环境噪声测量的位置。我国于 1982 年 4 月 6 日首次公布《城市区域环境噪声标准》(GB 3092—1982)。

为了防止邻里之间的噪声干扰，我国还制定了《住宅隔声标准》(JGJ 11—1982)。

7.2.3.4　社会生活噪声

社会生活噪声是指人为活动所产生的除工业噪声、建筑施工噪声和交通运输噪声之外的干扰周围生活环境的声音。包括在商业交易、体育比赛、游行集会、娱乐场所等各种社会活动中产生的喧闹声，收录机、音响设备、电视机、洗衣机等各种家电的嘈杂声，以及鞭炮和烟花等噪声。

2008 年 9 月 18 日，国家环保部首次公布了《社会生活环境噪声排放标准》，明确规定医院病房、住宅卧室、宾馆客房等以休息睡眠为主、需要保证安静的房间，夜间（22：00 至次日 6：00）噪声不得超过 30 分贝，白天（6：00 至 22：00）不得超过 40 分贝，市民将可根据新出台的噪声标准判断所处区域的噪声是否超标。

图 7-5　这 KTV 的声音也太大了

7.2.4　噪声的危害

7.2.4.1　对人生理上的影响

（1）影响睡眠。

（2）损伤听力。一般说来，85 分贝以下的噪声不至于危害听觉，而超过 85 分贝则可能发生危险。90 分贝的噪声，耳聋发病率明显增加。专家研究已经证明，家庭室内噪声是造成儿童聋哑的主要原因，若在 85 分贝以上长期噪声中生活，耳聋者可达 5%。

图 7-6　吵死了，怎么睡啊！

图 7-7　我咋听不见你说啥

（3）导致中枢神经系统失调，出现头晕、耳鸣、失眠、多梦、心慌、记忆力减退、注意力不集中等症状，严重者可产生精神错乱。

（4）引起植物神经系统功能紊乱，出现血压升高或降低，心率改变，心脏病加剧。噪声会使人唾液、胃液分泌减少，胃酸降低，胃蠕动减弱，食欲不振，引起胃溃疡。

（5）噪声对人的内分泌机能也会产生影响，女性受噪声的威胁，可能会月经失

图 7-8　哎，怎么那么多梦呢？

调、流产及早产等。国外曾对某个地区的孕妇普遍发生流产和早产作了调查，结果发现她们居住在一个飞机场的周围，祸首正是那飞起降落的飞机所产生的巨大噪声。

图 7-9　啊！我的宝宝

（6）噪声影响儿童的智力发育，在噪声环境下生活的儿童，智力发育水平要比安静条件下的儿童低 20%。

（7）噪声对视力有损害。所有长时间处于噪声环境（90 分贝以上）中的人很容易发生眼疲劳、眼痛、眼花和视物流泪等眼损伤现象。人们只知道噪声影响听力，其实噪声还影响视力。

7.2.4.2　对人心理上的影响

使人烦恼、激动、易怒，甚至失去理智；容易使人疲劳，影响精力集中和工作效率。研究发现，噪声超过 85 分贝，会使人感到心烦意乱，人们会感觉到吵闹，因而无法专心地工作，结果会导致工作效率降低；由于噪声的掩蔽效应，使人不易察觉一些危险信号，从而易造成工伤事故。

图 7-10　医生说是车间噪声引起的眼痛，好奇怪啊

7.2.5　噪声控制基本途径

7.2.5.1　环境噪声的控制标准

我国制定了很多噪声控制方面的标准，具体包括：

（1）《声环境质量标准》（GB 3096—2008）；

（2）《机场周围飞机噪声环境标准》（GB 9660—1988）；

（3）《工业企业厂界环境噪声排放标准》（GB 12348—2008）；

（4）《社会生活环境噪声排放标准》（GB 22337—2008）；

（5）《建筑施工场界噪声限值》（GB 12523—1990）；

（6）《铁路边界噪声限值及其测量方法》（GB 12525—1990）；

（7）《家用和类似用途电器噪声限值》（GB 19606—2004）；

（8）《汽车定置噪声限值》（GB 16170—1996）。

7.2.5.2　环境噪声综合防治对策

A　控制噪声源

对噪声大的机器进行改造，可做个外罩，把声源罩起来，在排气管上加装消音器，降低声源噪声；工业、交通运输业可以选用低噪声的生产设备和改进生产工艺或者改变噪声源的运动方式（如用阻尼、隔振等措施降低固体发声体的振动）。

B　控制噪声传播途径

在传声途径上降低噪声，控制噪声的传播，改变声源已经发出的噪声传播途径，如采用吸音、隔音、音屏障、隔振等措施。

合理规划城市和建筑布局。有噪声源的经营场所的门窗背向居民区，安装隔声玻璃，来减弱传向居民区的噪声。在道路和住宅区之间设立屏障或种树、种草植绿化带。如城市里宽 6 米、高 10 米的林带，可明显消减噪声。

图 7-11　隔音墙的好处

C　家庭防护措施

通过改造家中的门、窗和墙壁以及吊顶来减少噪声。门可改造为防火隔音门；窗可改造为中空玻璃的隔音窗，也可以是在原来窗子的基础上再加一层玻璃；墙壁改造的方法是加装一层石膏板或是用软木覆盖在墙壁上；吊顶可以在屋顶的龙骨上加隔音棉或吸音板。

D　在人耳处减弱噪声

受音者或受音器官的噪声防护。在声源和传播途径上无法采取措施，或采取的声学措施仍不能达到预期效果时，就需要对受音者或受音器官采取防护措施，如长期职业性噪声暴露的工人可以戴耳塞、耳罩或头盔等护耳器。

图 7-12　戴着耳塞睡觉，舒服多了

7.2.5.3　日常生活噪声防控的例子

A　正确使用耳机，防止噪声污染

戴着耳机听音乐是许多青少年的爱好，它可以起到不打扰他人的作用，而且方便携带。通过长期的研究和临床观察证实，强烈震耳的音乐或者噪声都可以造成听觉系统的损害，这种损害首先出现在3000～6000赫兹高频阶段，此时，对于正常的语言交流没有明显的影响，仅偶尔在欣赏音乐时感到高音部分听不清楚。随着接受声音剂量的增加和时间的延长，听力损害由高频逐渐向低频扩展，影响语言听力，也就是耳聋。这种听力的改变是一种逐渐的过程，其早期只有通过专门的听力检查才能发现，通常不被人们注意，而耳聋一旦发生就无法治愈。所以预防是防止耳聋的唯一可行的办法。

图7-13　正确使用耳机，减少噪声污染

专家指出，使用耳机要掌握"60—60"原则，即听音乐时，音量不要超过最大音量的百分之六十，连续听的时间不能超过60分钟，此外，耳机最好选头戴式的，它对听力的损伤比耳塞式耳机小。因为耳塞式耳机直接塞在外耳道里，声音没有出处，全部被鼓膜接受，对听力的损伤大。一般来说，听到同等音量的音乐，耳塞式耳机比头戴式耳机的音量高7～9分贝。

使用手机不当，同样会对听力造成损失。由于手机在通话过程中离耳朵最近，耳朵接收的辐射也是最强的，电磁波的辐射会造成短时间的耳鸣、耳闷、记忆力下降等。因此，要避免长时间使用手机，或者改用调到适当音量的手机耳机接听电话。

B　防止家庭噪声小贴士

家庭噪声有些是家用电器带来的，比如，电冰箱产生的噪声为34～50分贝，电风扇为50～70分贝，洗衣机为42～72分贝，电视机、录音机为60～80分贝，如果两种以上的电器同时使用噪声更大。此外，还有生活区的车辆以及邻居产生的各种噪声，让人"耳根"无清净。减少家庭环境中的噪声污染，我们可以注意以下几点：

（1）在选购家电时，要选购运行噪声小的优质产品。

（2）家电布置要合理，尽量远离人休息、睡眠的地方，放置要平稳，垫上皮垫以减少震动，降低噪声。

（3）放置多种家电的房间要铺地毯，挂厚窗帘等吸音物品，有条件的可以安装隔音设备。

图 7-14　家用电器的噪声污染

C　你可以为降低噪声做些事

（1）驾驶车辆要严格控制鸣笛，特别是在市内禁鸣区不要鸣笛，以尽量减小交通噪声。

（2）装修房屋时，要注意施工时间的安排，事先与邻里打好招呼。

（3）在家使用乐器、电器或者进行娱乐活动时，要注意音量与时间的控制，不要打扰邻里的正常休息和生活。

（4）在从事商业买卖中，请不要高声叫卖和使用音响招揽客户。

（5）做一名噪声污染监督员。

7.3　触觉污染

触觉污染是指器物、陈设或者其他设施对人们造成的人身伤害，在公共场合经常会碰到这样的事件，比如桌椅的棱角、门的把手等将人们的手碰破了。同样，在居室内也应该避免此种事件发生。

触觉污染可能会直接对人身产生伤害。在装修和选择家具时一定注意避免过多地出现棱角突出的情况，比如家具的把手不能太翘、太锋利，少选择线条过于硬朗的家具等等。在喷涂墙面的时候，一般不宜搞得太粗糙，这样人在接触它的时候将不会感到不舒服也不至于造成人体的一些伤害。

7.4 电磁辐射污染

7.4.1 我国首例输电线路的电磁污染案

重庆市的一家通信网络运营商购买了某小区住宅楼的顶楼住房一套,用作移动设备基站机房。物业公司同意运营商在所购房屋屋面或楼梯上安装天线,于是运营商在所属房屋的屋面墙上架设了 12 根天线。但此后陆续入住此小区的业主认为,运营商的行为给他们的生活带来了不便和妨碍,所产生的辐射会对人体造成危害。随后,小区业主委员会向法院提起诉讼,请求法院判令运营商立即停止侵权,拆除天线,恢复原状,并赔偿 5 万元。一审法院审理认为,运营商依法享有小区住宅楼楼顶某房产的占有、使用、收益、处分权益及对该楼楼顶共用部分的合理使用权,运营商在其所有的房屋内设置基站,是否属于改变房屋使用性质,应当由有关主管部门进行认定,非法院管辖范围。运营商在该楼顶共用部分架设天线,其行为不仅符合社会公共利益,且符合电信条例的相关规定,该基站在发射天线附近的电磁辐射水平均符合国家电磁辐射防护标准。因此运营商的行为并不违反相关法律法规的禁止性规定,且未侵害到其他共有使用人及不动产相邻一方的利益,应属于运营商基于其不动产所有权所产生的合理使用行为。但同时,法院又承认运营商在物业共用部分架设天线,应当支付使用费,运营商提交的证据不能证明房款中含有天线使用费,法院遂判决运营商支付小区业主委员会五年间的天线使用费 2.5 万元,并驳回了其他诉讼请求。原告不服,上诉至二审法院,后经二审法院调解,原告又撤回了上诉。

7.4.2 电磁污染的定义

电磁辐射看不见、摸不着,产生电磁辐射的设备大都是与人日常生活中的常用电器,如手机、电热毯、电磁炉、医疗器械、电子仪器等,它们工作时产生的各种不同波长频率的电磁波充斥空间,当电磁辐射强度超过人体所能承受的或仪器设备所能容许的限度时,即产生了电磁污染。因此,电磁污染是指电磁辐射对环境造成的各种电磁干扰和对人体有害的现象。

7.4.3 电磁辐射的分类与来源

对我们生活环境有影响的电磁污染分为天然电磁辐射和人为电磁辐射两种。

7.4.3.1 天然的电磁污染

天然的电磁污染是自然现象引起的,常见的是雷电。雷电会在广泛的区域产生从几千赫兹到几百兆赫兹的极宽频率范围内的严重电磁干扰。火山喷发、地震和太阳黑子活动引起的磁暴等都会产生电磁干扰。太阳黑子活动对短波通信的干扰极为严重。

7.4.3.2　人为电磁辐射

人为的电磁污染包括有：

（1）脉冲放电，例如切断大电流电路时产生的火花放电，其瞬变电流很大，会产生很强的电磁，它在本质上与雷电相同，只是影响区域较小。

（2）工频交变电磁场，例如高压电线以及电动机、电机设备、变压器以及输电线等附近的电磁场，它并不以电磁波的形式向外辐射，但在近场区会产生严重电磁干扰。

（3）射频电磁辐射，例如电脑、电视、音响、微波炉、电冰箱等家用电器产生的辐射；广播、电视发射台、手机发射基站、雷达系统等产生的辐射；手机、传真机、通讯站等通讯设备的辐射；电力产业的机房、卫星地面工作站、调度指挥中心的辐射；应用微波和 X 射线等的医疗设备的辐射频率范围宽，影响区域也较大，能危害近场区的工作人员。射频电磁辐射已经成为电磁污染环境的主要因素。

图 7-15　家电能产生辐射，你知道吗？

7.4.4　电磁污染的危害

7.4.4.1　电磁辐射污染危害人体健康

在射频电磁场下，生物机体会因吸收辐射能量，而产生热效应、非热效应以及累积效应，当射频电磁场的辐射强度被控制在一定范围时，可对人体产生良好的作用，如用理疗仪治病。但当它超过一定范围时，电磁辐射对人的视觉系统、机体免疫功能、心血管系统、内分泌系统、生殖系统和遗传、中枢神经系统等都产生不同程度的影响，如能激活原癌基因，诱发癌症，是造成儿童白血病的原因之一。多种频率电磁波特别是高频波和较强的电磁场作用于人体的直接后果是在不知不觉中导致人的精力和体力减退，使人的生物钟发生紊乱，记忆、思考和判断能力下降，容易产生白内障、脑肿瘤、心血管疾病以及妇女流产和不孕等，甚至引起癌症等病变。

7.4.4.2 干扰通信系统

电磁辐射管理不善，大功率的电磁波在区域环境中会互相产生干扰，导致通信系统受损甚至发生严重事故，如导弹误发射、飞机失事等，造成不可预知的灾难性后果，若导致信号的干扰与破坏，可直接影响电子设备、仪器仪表的正常工作，使信息失误、控制失灵、通讯不畅。

7.4.4.3 引发爆炸事故

高水平电磁感应和辐射可以引起易爆物质和电爆兵器控制失灵，发生意外爆炸。电磁辐射还会对挥发性物质造成危害，高电平电磁感应和辐射可以引起挥发性液体或气体意外燃烧。

7.4.5 电磁污染的防护

7.4.5.1 建立和完善防治电磁辐射污染的法规和标准

我国在1988年制定了《环境电磁波卫生标准》(GB 9175—1988)，这一国家标准已经不适合电磁环境的现状，制定新的电磁辐射卫生标准迫在眉睫。

此外，我国至今并未出台磁感应强度的正式标准。上海环科院所提出的"标准限值"为$100\mu T$，实际上仅是国家环保总局的"推荐值"。这堪称全球最为宽松的"标准"。按照这一标准，人们即使是站在50万伏的高压线底下，磁感应强度亦不会超标。在上海磁悬浮项目中，如果将$100\mu T$作为标准，就根本不需要设立防护带了。

7.4.5.2 有效控制电磁辐射

合理工业布局，使电磁污染源远离居民稠密区；改进电气设备；在近场区采用电磁辐射吸性材料或装置；实行遥控和遥测作业。

控制电磁辐射污染的有效途径是安装电磁屏蔽装置，电磁屏蔽装置是用金属材料的封闭壳体。当交变电磁场传向金属壳体时，幅度衰减，从而使有害的电磁强度降低到容许范围内。电磁屏蔽分有源场屏蔽和无源场屏蔽两类，其他如高频接地、滤波技术、植物绿化、使用电磁辐射防护材料等控制技术，对控制电磁辐射污染也很有效果。

7.4.5.3 加强个体的防护

为防止电磁辐射污染，平时注意了解电磁辐射的相关知识，主观上要提高自我保护意识，了解国家相关法规和规定，保护自身的健康和安全不受侵害。

（1）保持人体与办公电脑及家用电器的安全距离，如电视机的距离应在 4 ~ 5m，日光灯管距离应在 2 ~ 3m，微波炉的距离至少 1m，孕妇和小孩应尽量远离微波炉。

（2）应避免长时间操作家用电器、办公设备、移动电话，避免多种办公及家用电器同时启用。手机接通瞬间释放的电磁辐射最大，最好使用分离耳机和话筒接听电话。

（3）选购电磁辐射小的日用电器，如无线市话（小灵通）和 CDMA 手机；同种类型手机，内置天线型的手机要比天线外置的辐射小。

（4）老人、儿童和孕妇属于电磁辐射的敏感人群，在有电磁辐射的环境中活动时，应选择合适的防护服加以防护。建议孕妇在孕期，尤其在孕早期，应全方位加以防护，对于电磁辐射的伤害不能存有侥幸心理。

（5）饮食上要多食用富含维生素 A、维生素 C 和蛋白质的食物，如胡萝卜、动物肝脏等；也可常饮用绿茶或食用人参、枸杞等保健品，以此增强机体的抵抗力，提高器官组织的修复能力。

7.5　放射性辐射

7.5.1　放射性污染案例

7.5.1.1　钴 60 污染案

1992 年 11 月 19 日，山西省忻州市一位农民张某在忻州地区环境检测站宿舍工地干活，捡到一个亮晶晶的小东西，便放进了上衣口袋里，几小时后，便出现了恶心、呕吐等症状。十几天后，他便不明不白地死去。没过几天，在他生病期间照顾他的父亲和弟弟也得了同样的“病”而相继去世，妻子也病得不轻。后来经过医务工作者的调查，才找到了真正的病因，那个亮晶晶的小东西是废弃的钴 60，其放射性强度高达 10 居里，足以“照死人”。

经过调查，这个废弃的放射源——钴 60 是属于忻州地区科委的。1973 年，当时的忻县地区行署科技局，即现在的忻州地区科委，为了培育良种，就在上海医疗器械厂的帮助下筹建了钴 60 辐照装置。后来，这几个钴源的克镭当量弱化，钴源装置不再需要。1981 年，忻州科委迁往新址，原址由地区划归忻州地区环境监测站，但是，钴 60 辐照室和两间附属操作室仍归科委占用。1991 年环境监测站急于用地，就打报告请示省环保局，省环保局便安排省放射环境管理站负责放射源的收储工作。1991 年 5 ~ 6 月间，忻州地区环境监测站白某与省放射环境管理站陈某、李某双方口头商定由省放射环境管理站对钴源进行倒装、储藏和运输。决定之后，省放射环境管理站找到中国辐射防护研究院的专家韩某和 L 某，请他们到忻州帮助工作。6 月 20 日，陈某、李某、韩某、L 某 4 人来到忻州，参加忻州地区环境监测站主持召开的“迁源论证会”。环境监测站未通知科委领导，只通知了钴源室的管理人员贺某。会上，当有人问到钴源数量时，贺某回答："4个"。此外，到会专家也没有收集这些钴源的其他相关资料。6月26日，陈某、李某负责现场检测，韩某、卜某负责倒装技术操作，贺某等人协助倒装。操作中韩某发现，钴源数量与贺某提供的情况有差别，其中之一的颜色发暗，便向贺某问原因，贺某的解释是其中有一个是防止核泄漏的"堵头"。陈某和李某也未对钴源进行监测，遂将钴源倒装封存。钴源被拉走，巨大的危险却留下来。

1993年11月初，张某的妻子将忻州地区科委、忻州地区环境监测站、山西省放射环境管理站及中国辐射防护研究院等单位推上了被告席。张某的妻子诉称，因原告没有管理、保管好钴60，致使张某误捡了钴源，导致人身伤亡，要求赔偿损失。1994年7月，忻州市人民检察院向忻州市人民法院提起公诉，指控陈某、李某、韩某、卜某、白某、贺某"在迁源工作中严重不负责任，不正确履行自己的职责"，其行为构成了玩忽职守罪。一审判决6被告有罪，但被以"事实不清、证据不足"为由发回重审。1996年12月16日，忻州市人民法院开庭重新审理此案。法庭调查查明：忻州科委作为钴60放射源的拥有者，在1973年进源至停止使用长达18年间，违反了《放射性同位素工作卫生防护管理办法》的有关规定，既没有办理登记、许可、注销、退役手续及辐射防护评价工作，也没有建卡立簿、监督检查、严格管理，对有关资料缺乏妥善保存。这里的钴60放射源处于"三无"状态：无账目、无档案、底数不清。在法庭上，任何人拿不出证据证明那只肇事源何时丢失。当然也无法证明肇事源是在倒装时被科学家所失落。经过再审程序，1997年5月，忻州市人民法院判决贺某等4人有罪，同时宣判卜某和李某无罪。1997年5月9日法院作出民事判决。收到判决后，双方先后向忻州地区中级人民法院递交了上诉状。1998年6月1日，终审判决下达。与一审判决相比，二审只是对被告的赔偿份额做了重新划分："共计778888.87元（赔偿总额），由忻州地区科委支付每一位受偿者50%，共计389444.43元，由山西省放射环境管理站支付每位受偿者35%，共计272611.09元，由忻州地区环境监测站支付每位受偿者15%，共计116833.32元。"1998年5月，忻州地区中级人民法院对刑事案件作出终审判决，除以违反危险物品管理规定肇事罪判处贺某2年有期徒刑外，陈某、李某、韩某、卜某等人被宣告无罪。

7.5.1.2 建筑物放射性物质污染事件

2001年1月10日，中央电视台播发了一条新闻，沈阳市的一户居民因为家庭装修使用的陶瓷洁具有放射性污染，造成父子二人患了鼻癌。前不久，广州市某单位在不长时间里有两名中年人先后死于白血病，该单位职工和患者及家属，都自然联想到建筑材料放射性这个问题，因为他们搬进的办公室铺用的是花岗岩。该单位马上找技术部门对办公室建筑材料进行放射性鉴定，结果证实该建筑物放射性超标。

西安市五户居民家中发现"无形杀手"，家中装修用的建筑材料放射性物质严重超标，并引发家庭成员脱发、浑身无力、精神性抽搐、免疫力下降等症状。

在四川有一家三口先后一月内都患上了再生障碍性贫血，医生觉得奇怪，多方面查找病因，最后对其住房进行放射性检测才发现，这家人使用了一种印度红的花岗石装饰地面，放射性水平太高，损伤了其造血功能。

家住北京学院路的一位小伙子在检测专家的帮助下，终于找到了妻子不孕的原因：杀死自己精子的凶手竟是两年前室内装修用的花岗岩。

7.5.2　放射性污染

1896 年法国科学家贝克勒尔首先发现了某些元素的原子核具有天然的放射性，能自发地放出各种不同的射线。在科学上，把不稳定的原子核自发地放射出一定动能的粒子（包括电磁波），从而转化为较稳定结构状态的现象称为放射性。我们通常所说的放射性是指原子核在衰变过程中放出的射线。一般来讲，人体受到某种微量放射性物质的轻微辐射并不影响健康，只有当辐射达到一定剂量时才出现有害作用。因此，放射性污染是指因人类的生产、生活活动排放的放射性物质所产生的电离辐射超过放射环境标准时，危害人体健康的一种现象。

7.5.3　放射性污染源

7.5.3.1　天然辐射源

天然辐射源是人类环境中存在着天然放射性物质。天然放射性核素分为两大类：一类由宇宙射线的粒子与大气中的物质相互作用产生，如 ^{14}C（碳）、^{3}H（氚）等；另一类是地球在形成过程中存在的核素及其衰变产物，如 ^{238}U（铀）、^{40}K（钾）、^{87}Rb（铷）等。它们不断照射人体或者可通过食物或呼吸进入人体，使人受到内照射。一般认为，天然放射性物质基本上不会影响人体和动物的健康。

7.5.3.2　人工辐射源

A　污染环境的人工辐射源

（1）放射性废物。原子能工业中核燃料的提炼、精制和核燃料元件的制造，都会有放射性废弃物产生和废水、废气的排放。若处理不当，这些放射性"三废"都有可能造成污染。

（2）核武器试验产生的放射性物质。在进行大气层、地面或地下核试验时，放射性物质会扩散到大气中，排入大气中的放射性物质与大气中的飘尘相结合，形成放射性粉尘，由于重力作用或雨雪的冲刷而沉降于地球表面。

B　不污染环境的人工辐射源

包括医用、工业用、科学部门用的 X 射线源以及封闭性放射性物质（镭、钴），也包括发光涂料、电视机显像管等都属于不污染环境的人工辐射源。

7.5.4 放射性污染的危害

放射性污染对生物的损伤可分为急性损伤和慢性损伤两类。

（1）急性损伤。如果人在短时间内受到大剂量的 X 射线、γ 射线和中子的全身照射，就会导致急性损伤。轻者会产生脱毛、感染等症状；剂量更大时，会出现腹泻、呕吐等肠胃损伤症状；在极高的剂量照射下，发生中枢神经损伤直至死亡。

（2）慢性损伤。慢性损伤是指屡次受到小剂量照射所引起的损伤，其具体损伤表现为：

1）局部损伤，如从事 X 射线工作的人，暴露的皮肤产生发红、萎缩甚至溃烂，有的可导致肿瘤。

2）全身损害，表现为神经系统机能性和器质性改变，如反射机能减退，感觉障碍，当血象发生改变时，可能发生骨髓性与淋巴性白血病。

3）致癌作用，放射性污染能引起皮肤癌、骨肉瘤、肺癌、白血病（血癌）、甲状腺癌和恶性淋巴瘤等，一般来讲，接触放射性物质或 X 射线工作的人，癌的发病率比一般人高。

4）致畸作用，可使男性阳痿，精子变性；使女性闭经和妊娠中断或胎畸形。

7.5.5 放射性污染的防治

为了防治放射性污染，保护环境，保障人体健康，促进核能、核技术的开发与和平利用，我国制定了《中华人民共和国放射性污染防治法》，此外，也制定了很多相关标准，如《核电厂放射性液态流出物排放技术要求》（GB 14587—2011）代替（GB 14587—1993），《低、中水平放射性废物固化体性能要求——水泥固化体》（GB 14569.1—2011）代替（GB 1456），《核动力厂环境辐射防护规定》（GB 6249—2011）代替（GB 6249—1986），《核辐射与电磁辐射环境保护标准目录》，《拟开放场址土壤中剩余放射性可接受水平规定（暂行）》（HJ 53—2000）以及《低、中水平放射性废物近地表处置设施的选址》（HJ/T 23—1998），《建筑材料放射性核素限量》（GB 6566—2001）等。

近十几年来人们对建筑物的放射性危害尤为关注，人们纷纷要求有关部门对建筑材料进行测定。对此，我国分别在 1995 年和 1996 年制定了《含放射性物质消费品卫生防护管理规定》和《含放射性物质消费品的放射卫生防护标准》文件，目的就是要把含放射性物品的应用对消费者的辐射剂量控制在尽可能低的合理水平。国家制定了标准，使大家有章可循。

2009 年，环境保护部加快核与辐射安全法规的编制进程，完成了《核与辐射安全法规体系》和《核与辐射安全标准体系》，并完成了《放射性物品运输安全管理条例》及配套部门规章等一批法规。

7.6　热污染

提及环境污染，人们大多会想到污水、垃圾等等，说热也能产生污染，估计很多人会感到奇怪，但现实生活中确确实实在发生着热污染事件。

7.6.1　热污染案例

7.6.1.1　法律没有规定热污染，也要赔偿

北京王先生家的楼下有一家面馆，只要一工作，热气就通过楼板侵入王先生家中，使王先生家的装饰和家具都有不同程度的损坏。加上各种机器的轰鸣声，让王先生一家不胜其烦。在多次与面馆协商无果的情况下，王先生以热污染和噪声污染为由，将面馆告上法院，要求面馆拆除居民楼外墙和楼顶上的烟囱、风机，恢复原状，并要求面馆支付电费、空调折旧费、医药费、地板损失费、公证费、测试费、精神损失费等费用。

法院受理后确认，王先生家与面馆构成相邻关系，但由于国家法律在热污染方面的空白，最后，法院依照《民法通则》中的第八十三条的公平原则，判令面馆给予王先生人民币 5000 元的经济补偿，驳回王先生其他诉讼请求。法院宣判后，王先生提出上诉。中院审理后，认为区法院判定责任正确，只是经济补偿数额偏低，于是作出终审判决，判令面馆对王先生补偿人民币 1 万元。

7.6.1.2　空调外机热风侵扰邻居

2002 年 5 月，上海钱先生趁汪老太不在家，安装空调的室外机，距离汪老太家卧室窗户仅 1.75m。由于汪老太有高血压和心脏病，不喜欢使用空调。夏天里都是开窗睡觉。但自从钱先生安装了空调，开机后热气就会冲进汪老太的卧室里，加上空调噪声干扰，严重影响汪老太睡眠。汪老太在调解无果的情况下，将钱先生告上法庭，要求钱先生拆除空调外机并赔偿医药费和精神损失费。通过法官调解，钱先生当面向汪老太道歉，并给予汪老太 800 元的经济补偿，拆除空调室外机。汪老太随后撤诉。

从以上纠纷来看，尽管还没有热污染方面的法律法规，但热污染确确实实越来越引起公众的重视。

7.6.2　什么是热污染

热污染是一种能量污染，是由于人类能源消耗导致环境温度变化，达到损害环境质量的程度，以致危害人体健康和生物生存的现象。

7.6.3 热污染类型

7.6.3.1 热岛效应

因城市地区人口集中，建筑群、柏油街道等代替了地面的天然覆盖层，工业生产热排放、大量机动车、大量空调排放热量而导致城市气温高于郊区和农村。

7.6.3.2 水体热污染

因热电厂、核电站、炼钢和炼焦厂等冷却水所造成的水体温度升高，使溶解氧减少，某些毒物的毒性提高，鱼类不能繁殖或死亡，某些细菌繁殖，破坏水生生态环境的进行而引起水质恶化。

7.6.4 热污染的危害

水体热污染可引起水温升高，造成水体处于缺氧状态，还会使水中某些毒物的毒性升高，引起鱼类的种群改变和死亡，从而影响生态平衡。

水温升高可导致一些致病微生物滋生、泛滥，引起流行疾病，危害人类健康。1965年澳大利亚流行的一种脑膜炎，就是由于发电厂排出的热水使河水温度增高，一种变形致病菌大量孳生，造成水源污染而引起的。

水温升高时，藻类种群将发生变化，在正常藻类种群的河流中，水温20℃时硅藻占优势，30℃时绿藻占优势，在35～40℃时蓝藻占优势。蓝藻占优势时，则发生水体污染，水的味道劣化，甚至使人、畜中毒。

热岛效应导致有害气体、烟尘在市区上空累积，形成大气污染，容易引起支气管炎、肺气肿、哮喘、鼻窦炎、咽炎等呼吸道疾病。

热岛效应导致市区温度偏高，环境温度高于28℃时，人们就会有不舒适感；温度再高就易导致烦躁、中暑、精神紊乱；气温高于34℃，并伴有频繁的热浪冲击，还可引发一系列疾病，特别是使心脏、脑血管和呼吸系统疾病的发病率上升，死亡率明显增加。

此外，高温还可加快光化学反应速率，使大气中有害气体的浓度升高，进一步影响人体健康。

造成热污染的根由是能源未被合理有效地利用。随着现代工业的发展和人口的不断增长，环境热污染将日趋严重。然而，人们尚未有用一个量值来规定其污染程度，这表明人们并未对热污染引起足够重视。那么，我们应该如何防治热污染。

7.6.5 热污染的防治

为了使我们的生活环境和工作环境更趋美好，当前应努力做好如下工作：
（1）制定环境热污染的法律、法规控制标准，严格限制热排放。

（2）充分利用工业的余热是减少热污染的最主要措施。生产过程中产生的余热种类繁多，有高温烟气余热、高温产品余热、冷却介质余热和废气废水余热等。对于冷却介质余热的利用方面主要是电厂和水泥厂等冷却水的循环使用，改进冷却方式，减少冷却水排放。

（3）加强隔热保温，在工业生产中，有些窑体要加强保温、隔热措施，以降低热损失，如水泥窑筒体用硅酸铝毡、珍珠岩等高效保温材料，既减少热散失，又降低水泥熟料热耗。

（4）减排汽车尾气，汽车尾气是城市热岛效应的罪魁祸首之一，我国已采取减少尾气排放和使用更清洁汽油等诸多措施来防治其危害。

（5）绿化城市及周边地区，统筹规划公路、高空走廊和街道、街心公园、屋顶绿化和墙壁垂直绿化及水景设置，营造绿色通风系统，把市外新鲜空气引进市内，以改善小气候。

（6）改善能源结构，提高能源的利用率，改燃煤为燃气。

第8章　固体废弃物污染与环境保护

2005 年，我国城镇生活垃圾的实际年产生量已达 1.5 亿吨，且以年平均 8% ~ 10% 的速率增长，其中部分城镇生活垃圾年增长率高达 12% ~ 20%，城镇人均日产生活垃圾为 1.13 ~ 1.36 公斤。

随着城镇化进程不断发展，2010 年我国城镇垃圾产生量已达到 2.0 亿吨以上，全国 668 座城镇中有三分之二都处在垃圾环带的包围中。这些数量庞大的生活垃圾已对城镇及城镇周围的生态环境构成日趋严重的威胁。

8.1　固体废弃物污染事件

2008 年 9 月 8 日，山西襄汾发生特大尾矿库溃坝事故，泄容量约 26.8 万立方米，过泥面积达 30.2 平方米，波及下游 500 米左右的新塔矿业公司矿区办公楼及一个集贸市场和部分民宅，造成建筑毁坏，大量人员伤亡。

锦州某铁合金厂堆存的铬渣，使近 20 平方公里范围内的水质遭受重金属六价铬污染，导致七个自然村屯 1800 眼水井的水不能饮用。

湖南某矿务局的含砷废渣由于长期露天堆存，其浸出液严重污染了民用水井，造成 308 人急性中毒、6 人死亡。

东莞远丰村垃圾山 5 年致使 427 位村民中 11 人患癌症，其中 9 人死亡，2 人正在治疗。

这一系列触目惊心的事件，提醒着人们要关注固体废物污染和环境保护的重要性。

8.2　什么是固体废弃物

固体废弃物一般是指在社会生产、流通和消费等一系列活动中产生的相对于占有者来说不再具有原使用价值而被丢弃的、以固态或泥状存在的物质。它是人类进行社会生产和生活的必然产物，凡是有人类生活的地方就有固体废物产生。

生活当中产生的固体废弃物主要有：纸类、玻璃、塑料、金属、电池、厨房垃圾以及大件垃圾等等。这些东西都是日常生活当中人们使用过后丢弃掉的，每人每天都会产生很多固体废弃物，如果它们不经妥善处理，便会对环境造成污染。

8.3   固体废弃物带来的环境污染

固体废物之所以会污染环境，是因为它在一定条件下会发生物理的、化学的或生物的转化。例如，人畜粪便和有机垃圾是病原微生物滋生和繁殖的场所，容易形成病原体型污染，一般工业和矿业废物所含的化学成分会形成环境污染等等。固体废物对环境造成污染类型一般有以下四种：

（1）对土壤污染。固体废物的堆放不仅占用许多的土地，而且其中大量的有毒废物，在风化作用下到处流失，使土壤遭到污染。

（2）对水体污染。固体废物在雨水的作用下，可以流入到江河湖海或者渗入到地下水当中，造成水体污染，严重地影响到人类的用水安全和水体生物的生存。

图 8-1   水体中的固体垃圾

（3）对大气污染。固体废物在堆放过程中，某些有机物质会发生分解，产生有害气体，一些腐败的垃圾废物散发出难闻的气味，也会造成对大气的污染；以微粒状态存在的固体废物在风的吹动下，随风飘扬，扩散到大气中，如粉煤灰的颗粒小，遇到风就会灰尘满天，使空气污浊，影响人体健康。

（4）影响环境卫生。如未经无害化处理的垃圾粪便容易引发环境卫生问题，医院、传染病院的粪便、垃圾混入普通粪便、垃圾之中，会传播肝炎、肠炎、痢疾以及各种蠕虫病（即寄生虫病）等等，威胁人体健康。

8.4 固体废弃物的分类

图 8-2　垃圾回收的标志

目前我国固体废弃物分类处于起步阶段，大部分城市还是实行垃圾混合收集的方式。在居民区一般都建有专门的垃圾堆放处，居民将家中垃圾装袋后放入其中，每天由环卫工人或垃圾车将这些垃圾运往垃圾中转站；在公共场所或马路两边，分段设置垃圾箱，由专人定时清理。

生活垃圾一般可分为四大类：可回收垃圾、厨余垃圾、有害垃圾和其他垃圾。目前常用的垃圾处理方法主要有综合利用、卫生填埋、焚烧和堆肥。

8.4.1　可回收垃圾

可回收垃圾就是可以再生循环的垃圾资源，它包括本身或材质可再利用的纸类、硬纸板、玻璃、塑料、金属、人造合成材料包装。另外，与这些材质有关的如：报纸、杂志、广告单及其他干净的纸类等皆可回收。

图 8-3　对固体废弃物进行回收利用的资源再生站

图 8-4　可回收标志

通过综合处理回收利用可回收垃圾，可以减少污染，节省资源。例如：每回收 1 吨废纸可造好纸 850 公斤，节省木材 300 公斤，比使用等量木材生产减少污染74%；每回收 1 吨塑料饮料瓶可获得 0.7 吨二级原料；每回收 1 吨废钢铁可炼好钢 0.9 吨，比用矿石冶炼节约成本 47%，减少空气污染 75%，减少 97% 的水污染和固体废物。

8.4.1.1　纸类（纸、硬纸板及纸箱）

纸类是用作书写、印刷、绘画或包装等的片状纤维制品，它一般由经过制浆处理的植物纤维的水悬浮液，在网上交错的组合，初步脱水，再经压缩、烘干而成。

纸类用途广泛，生活当中人们对纸类的需求体现在生活的各个方面：书籍、报纸和杂志、包装、生活用品等等。未经回收处理的废弃纸类会对环境造成一定的污染，另外纸类的消耗也是对森林资源和能源的消耗。

A　纸带来的环境问题——对森林资源的消耗

由于造纸的原料是植物纤维，而植物纤维只有通过砍伐树木才能收集得到。据统计，我国到 2015 年，国内纸和纸板的需求量将达 1 亿吨。会砍掉直径 25 厘米、高 10 米的树木 2 亿～2.5 亿棵，我国每年平均生产衬衫 12 亿件，而包装盒用纸量就达 24 万吨，相当于砍掉 168 万棵碗口粗的树。

由此可知，造纸业对植被的破坏是相当大的，而植被的破坏则会导致一系列严重的环境问题，如水土流失、土地沙漠化等。为减少造纸行业对环境的影响，废纸回收是最有效的途径之一。

B　废纸回收

纸和纸板占包装材料的第一位。据统计，近年来单是我国北京市每年产生的近 300 万吨垃圾中，各种商品的包装物就约 83 万吨。据资料显示，每生产 1000 万个月饼纸盒，包装耗材就需砍伐 400 棵到 600 棵直径在 10 厘米以上的树木。这还仅是月饼这种商品，可见这中间的浪费有多大，而这些浪费完全可以避免或者减少。

废纸的高效回收不仅可以很大程度减少木材的消耗，还能节约用水用电等能耗。据统计，使用 1 吨废纸可生产品质良好的再生纸约 800 到 900 公斤，可节省木材 3 立方米，同时节水 100 立方米，节省化工原料 300 公斤，节煤 1.2 吨，节电 600 度，可节约烧碱 0.3～0.4 吨，设备投资减少 1/3，降低成本 50% 左右。目前，经济发达国家有 50% 以上的造纸原料来源于废纸，如美国废纸回收率达到 40%，日本达到 70%，我国约 20%。

图 8-5　森林被砍伐

我国城市中的废纸回收效率较低。北京市每年产生废纸110万吨，上海市每年产生130万吨，实际回收率不足10%。回收率低导致了国内造纸业主要依靠进口废纸，1999年，全国进口废纸250万吨，上海造纸行业每年进口废纸量已达20万~30万吨。与年回收废纸量占83%的德国和年回收废纸4200万吨的美国相比，面对我国森林资源人均占有率位列世界第119位的现实，我们确实该好好思考应当怎样保护我们身边的这座森林宝库！

8.4.1.2 塑料和玻璃

随着科学技术的迅速发展和人民生活水平的日益提高，塑料和玻璃这两种工业产品被广泛地运用于我们的社会生产和生活当中，塑料和玻璃不但广泛应用于人民的日常生活之中，而且还发展成为科研生产以及尖端技术所不可缺少的新材料。同时不可避免地要产生许多废弃物，如果处理不当则会产生严重的环境污染。

A 塑料

a 废旧塑料的产生

在19世纪40年代，第一代工业产业化规模生产的聚合化合物被发现，这就是我们俗称的塑料（PSW），之后塑料制品的生产、消费和废物产生率都在不断升高。

塑料品广泛应用于日常生活的各个部分，同时许多塑料制品仅经过初步或者短时间的使用便成为了固体废物的一部分，例如，食品塑料包装、温室塑料薄膜、涂料及线路、包装、电影、封套、袋和容器。废旧塑料的来源还有，塑料的合成、成型加工、流通和消费等每一个环节都会产生废料或废弃制品，其具体来源主要有以下几个方面：

（1）树脂生产中产生的废料。在树脂生产中产生的废料包括以下几方面：

1）生产过程中反应釜内的黏附料以及不合格反应料；

2）配混过程中挤出机外的清机废料以及不合格配混料；

3）运输、贮存过程中的落地料等。

废料的多少取决于制造工序的多少、生产设备及操作的熟练程度等。在各类树脂生产中，聚乙烯产生的废料最少，聚氯乙烯产生的废料最多。

（2）消费后塑料废料。生活当中这类废旧塑料来源较广，使用情况复杂，因此这类塑料废弃物需经过处理才能回收再利用。这类废弃物包括：

1）化学工业中使用过的塑料袋、塑料桶等；

2）纺织工业中的容器、废旧人造纤维丝等；

3）家电行业中的包装材料、泡沫垫等；

4）各种废弃的建材、管材等；

5）农业中的地膜、大棚膜、拉伸膜等；

6）渔业中的渔网、浮球等。

（3）城市生活垃圾中的废旧塑料。这类废旧塑料的数量较大，由于垃圾分类实行困难，也导致它的回收利用较为困难。我国城市生活垃圾中，废旧塑料约占 2%～4%，其中大部分是一次性的包装材料，它们基本上是聚乙烯（PE）、聚丙烯（PP）、聚苯乙烯（PS）、聚氯乙烯（PVC）等。

生活垃圾中的废旧塑料种类很多，它们包括各种包装制品，如桶、盆、杯、盘等；瓶类、膜类、罐类等；日用制品、娱乐用品、玩具饰物、服装鞋类、绳、编织带、卫生保健用品等。

b　废弃塑料的危害

（1）腊芙运河污染事件。曾经在美国纽约州尼加拉瓜瀑布附近有一条废弃的运河，20 世纪 20 年代末，被霍克化学塑料公司买去作为废物填埋厂，共填埋了大约 200 多种化学废物和其他工业废物，其中相当一部分是剧毒物。这些化学废物可以导致畸形、肝病、精神失常、癌症等多种严重疾病。1953 年后，铺上表土的填埋厂经转手后建为居民区，1976 年，一场罕见的大雨冲走了地表土，使化学废物暴露出来。此后，植物枯萎和树叶灼伤等现象时有发生，癌症发病率明显增高，引起当地居民的恐慌不安。1978 年，美国国家环保总局调查证实为严重的有毒化学废物污染事件。纽约州政府采取了一系列紧急措施进行处理，如封闭学校、疏散居民等，最终将这一事件慢慢平息。

（2）生活中塑料制品的危害。塑料杯、塑料碗、塑料饭盒等塑料制品在我们生活当中随处可见，一般的塑料制品都是由 PET 材质做成，使用不当则会对人体健康造成较大的危害，甚至能够致癌。

图 8-6　生活当中的白色垃圾

饮料瓶大多为塑料，其底部大都会有一个带箭头的三角形标志，标志中写有一个数字，这个数字就代表塑料材质的不同。比如，一般的矿泉水瓶或是碳酸饮料瓶瓶底的数字是"1"，只适合装暖饮或冻饮。当装高温液体或加热到70℃以上时，瓶子就会变形。同时，塑料中的有害物质就会随温度的升高而释放出来。据介绍，这类塑料容器在反复使用10个月后，可能会释放出致癌物质。

还有一些碗装方便面和打包餐盒上写的是"6"，这种材质耐热又抗寒，但不能放进微波炉中，以免因温度过高而释出化学物质。而且，这种材质的塑料不能用于盛装强酸和强碱性物质，比如橙汁，否则会分解出对人体不利的聚苯乙烯。所以，在餐馆打包食物的时候，最好是将食物放凉后再装入餐盒。

塑料遇高温都会发生化学分解反应，即便是经过高温杀菌可直接盛装熟食的食品包装袋，人们也应当尽量避免用来装熟食。而一般的食品塑料袋更不能用于装高温食品，特别是超薄塑料袋（厚度在0.025毫米以下）是严禁盛装食品的。

使用一次性塑料袋或发泡塑料饭盒不仅严重影响人们的身体健康，还对环境造成严重的污染。具体表现为：

（1）两百年才能分解。塑料袋埋在地下要经过大约两百年的时间才能分解，会严重污染土壤。如果采取焚烧处理方式，则会产生有害烟尘和有毒气体，长期污染环境。

（2）可降解塑料难降解。市场上常见的"可降解塑料袋"，实际上只是在塑料原料中添加了淀粉，填埋后因为淀粉的发酵、细菌的分解，大块塑料袋会分解成细小甚至肉眼看不见的碎片，这是一种物理降解，并没有从根本上改变塑料产品的化学性质。

（3）影响土壤的正常呼吸。塑料袋本身不是土壤和水体的基本物质之一，强行进入到土壤之后，由于它自身的不透气性，会影响到土壤内部热的传递和微生物的生长，从而改变土壤的特质。这些塑料袋经过长时间的累积，还会影响到农作物吸收养分和水分，导致农作物减产。

（4）易造成动物误食。废弃在地面上和水面上的塑料袋，容易被动物当做食物吞入，塑料袋在动物肠胃里消化不了，易导致动物肌体损伤和死亡。

为了人类的健康，也为了保护好环境，我们应尽量减少一次性塑料餐具的使用，不要过度依赖塑料袋，可用菜篮子或布袋代替，也可以使用自备的不锈钢或塑胶饭盒，这样做既卫生又环保，还不会对身体健康造成危害。

c　塑料废弃物的处理

（1）废旧塑料的收集与分离。为了将各个地方的废旧塑料进行集中处理，所以要进行废旧塑料的收集。收集工作看似简单，却是废旧塑料回收的一个极其重要的环节，也是回收过程的第一步。收集方式的不同，会导致收集效率、收集成本的差异，自然就影响回收成本，甚至影响回收是否能顺利完成。

废旧塑料的来源十分复杂，尤其是消费后产生的废旧塑料，城市垃圾中的废旧塑料，往往混有纸张、金属、玻璃、泥沙等各种杂物，而且塑料本身也有不同品种、不同颜色之分，如果回收料中含有其他杂质或其他不同品种的塑料，即使数量较少，都会大大降低其品质，甚至无法使用。回收料中杂质（如金属杂质）的存在还会使后续的回收工艺无法进行，甚至损坏加工设备。即便是再生料中杂质仅为1%，对再生料的再次使用也将产生较大的影响。因此，回收再生前必须进行分离，分离是回收使用中很重要的一个环节。

必要的分离是再生料质量的保证，如一种本色 PE 和一种有色 PE，如不分离，则再生料只能用于生产深色 PE 制品；如果将两者分离，则本色的再生料品质就会高得多，售价也会高很多。由此可见，垃圾回收的过程当中，将可回收部分进行有效分离是非常重要的。

（2）废旧塑料再生。塑料废弃物经回收分离后，进行再生的方法主要有：回收再生法、化学回收法、能量回收法等，其中回收再生法是我国塑料回收行业采用的主要方法。

该方法是将废旧塑料重新加热塑化进而加工成粒料再加以利用的方法，其回收过程简单，能耗和环境污染也是各回收方法中较小的。由于回收再生法所需资金较少，同时技术要求并不十分苛刻，同一技术、设备适用于多种回收塑料的生产，比较适合小规模的生产。而我国的废旧塑料回收并没有形成统一的大规模回收机制，目前主要依附于城市里散布的废品回收站，层层分拣赎买，回收塑料加工再造的厂家也多为只有几名员工的作坊式生产企业。同时，这些企业回收塑料的品种和产量也在很大程度上取决于废旧塑料原料的取得，通常产量不高，一条生产线月产量在几十吨左右。因此熔融再生法成为我国塑料再生行业的主要方法。

化学回收法是将废旧塑料资源化的重要手段。通过这种方法，可以将废旧塑料加工成柴油、汽油等高价值的产品，也可先得到高纯度单体化工原料，再聚合制得全新的塑料。但是，由于这些方法对于技术要求较高，资金投入也较大，我国虽然也进行了相关技术的研发和储备，但化学回收法并没有得到广泛的推广应用。

能量回收是利用废旧塑料燃烧时产生热量的方法。该方法最大的特点能够处理并利用较难回收的塑料，也无需进行任何分拣和处理。虽然该方法简单易行，但是由于无法做到完全燃烧，容易对环境产生二次污染，这也使该法的推广应用一直存在争议。

除了上述废旧塑料的回收利用方法外，还有许多利用废旧塑料的方法，如将废旧聚苯乙烯泡沫塑料粉碎后经处理作为水处理剂和土壤改良剂，或作为水泥减水增强剂，或加入黏合剂压制成垫子材料等。同时，国外还在不断加大投入，开发利用效率更高、更环保的废旧塑料回收再利用新方法。

B 玻璃

玻璃最初由火山喷出的酸性岩凝固而得。约公元前 3700 年前，古埃及人已制出玻璃装饰品和简单玻璃器皿，当时只有有色玻璃，约公元前 1000 年前，中国制造出无色玻璃。随着玻璃生产的工业化和规模化，各种用途和各种性能的玻璃相继问世。当代，玻璃已成为日常生活、生产和科学技术领域的重要材料。

在各国的城市垃圾中以及玻璃工厂每天都有大量的各种废玻璃与工业玻璃废料产生，特别是城市垃圾中混杂着不少废玻璃。据欧美一些发达国家统计，废玻璃量占城市垃圾总量的 4% ~ 8%。2000 年我国城市生活垃圾排放量约为 1.3 亿吨，虽未对其中的废玻璃进行具体统计，经有关专家估计其中的废玻璃含量约含 2%，近 260 万吨。

将大量的废玻璃弃之不用，既占地又污染环境，还造成大量的资源和能源的浪费。一般而言，每生产 1 吨玻璃制品约消耗 700 ~ 800 公斤石英砂，100 ~ 200 公斤纯碱和其他化工原料，合计每生产 1 吨玻璃制品要用去 1.1 ~ 1.3 吨原料，而且还要用去大量煤、油和电。因此，将废玻璃作为一种可回收利用资源，用以生产出人们需要产品的方法，正在引起人们的关注。

图 8-7 玻璃回收公司的废旧玻璃

a 国外废玻璃回收现状

世界各国的垃圾中每天都有大量的各种废玻璃与工业玻璃废料，特别是城市垃圾中混杂着不少废玻璃。据欧美一些经济发达国家统计，废玻璃量占城市垃圾总量的 4% ~ 8%。经济地利用废玻璃不仅是提高社会和企业经济效益的途径之一，而且也将对改善环境起到一定的作用，尤其是在当今能源紧缺的年代里，如果玻璃厂能充分利用来自各方面的废玻璃这一原料资源，则可以节约能源及纯碱。经专业部门的计算，当所用碎玻璃含量占配合料总量60%时，可减少6%～22%的空气污染和节约6%的能源。

英国、丹麦、瑞典、瑞士等工业发达国家自20世纪70年代就开始回收废玻璃，在玻璃工厂和城市居民点及社会公共场所设置了废玻璃回收集装箱。英国于1977年底建立了玻璃再生中心，以增大废玻璃的利用率。在德国的城市居民区、公园、商店、工厂酒吧和其他地点，共设置了超过5000个回收集装箱。俄罗斯的莫斯科设置了2000个回收集装箱，用来回收近500多个企业、机关和商业网点的废玻璃。瑞士在其1140个大小城镇进行定期的回收废玻璃的工作。

在国外，废旧玻璃的回收是全社会的公益事业，例如在芬兰的城市的商店和居民区都看到有回收废旧玻璃瓶的专门设置和存放废旧玻璃的垃圾箱。在居民区、工厂和机关均设有垃圾房，每个垃圾房内有六、七个垃圾箱，垃圾箱是由政府提供的，居民免费使用。人们把不重复使用的废旧玻璃、玻璃瓶及碎玻璃按无色透明、绿、棕三种颜色分开放入不同的垃圾箱内，由专管清理垃圾的类似废品回收站的人员回收、集中，然后运到废旧玻璃处理工厂。

而在商业集中的地方，有由废旧玻璃处理厂办的专门回收废旧玻璃瓶的无人收购点。人们把用过的废旧玻璃瓶将瓶盖和瓶子分开，瓶盖放到专门的回收箱内，瓶子则放在无人看守的全自动旋转输送机上，而废旧塑料瓶和废旧玻璃瓶是放在不同的输送机上的，然后在自动打印机处打出收据，顾客凭收据到商店换取价款，也可直接作为购物凭证。顾客每交回一个瓶子就会得到一定的经济回报，回收的方法极其方便。

30多年来，西欧各国实施回收计划成效显著，西欧各国2001年瓶罐玻璃产量1840万吨，回收玻璃约达837.5万吨，西欧各国回收的玻璃可使该地区熔制玻璃制品所需原料节省46%，如按2001年回收量推算，西欧每年节省46%以上的玻璃原料，这对能源的节约相当可观，每回收1吨废玻璃，可节约100公斤燃料，而且可减少硅砂的用量和促进自然环境的保护。

b　我国废玻璃回收现状

在废玻璃的回收及其利用方面，我国和世界玻璃工业发达国家相比，起步较晚，但目前已有不少厂家利用回收的碎玻璃料来生产玻璃微珠、玻璃马赛克、彩色玻璃球、玻璃棉、玻璃砖、人造玻璃大理石、泡沫玻璃等等。同时，相关科研机构也在进行深入研究，目前已研究出了一些废玻璃回收利用的新型方法。

由陕西省建材科研所和陕西玻璃纤维总厂联合研制成功了一种新型建筑装饰材料——利用玻璃纤维工业废丝制成的玻璃废丝饰面砖，为我国玻璃废丝的利用开拓了一个新的领域。该方法制造出来的材料，不仅满足建筑装饰的使用要求，并且比传统材料的性能更佳。通过对废玻璃的回收，不仅可以减小环境污染，也能产生一定的经济效益。通过这种方法，若以年产25000平方米饰面砖的生产线为例，每年可处理废丝 600 吨。

陕西建材科研所在实验室研制出黏土-锯屑-玻璃系统的泡沫玻璃，该方法利用混合树木锯屑和白黏土、玻璃粉（回收的废玻璃）压制成型，干燥后进入推板式隧道窑烧结，由于木屑在空气中完全燃烧形成大量空隙，而制成具有一定机械强度和隔热性能的玻璃制品。其特点在于所用原料价廉，不需要模具，大大降低了投资成本，同时它在烧结时不软化、不变形、外形美观，具有极佳的装饰效果。

秦皇岛玻璃研究院研制成功用玻璃纤维废丝制造泡沫玻璃，并在秦皇岛建立了泡沫玻璃厂。江西萍乡硅酸盐研究所利用粉煤灰制造泡沫玻璃。在上海、浙江嘉兴、湖北潜江、广西东兰、北京、河北秦皇岛等地都先后利用废玻璃生产泡沫玻璃。

图 8-8 用废旧玻璃制作的桌子

8.4.1.3 铁金属

A 铁金属的分类

铁金属主要包括生铁、铁合金和钢。铁金属广泛被运用于社会各个领域，是建筑业、制造业和人们日常生活中不可或缺的成分。可以说铁金属是现代社会的物质基础。

a 生铁

生铁是含碳量大于 2% 的铁碳合金，工业生铁含碳量一般在 2.5%~4%，并含 Si、Mn、S、P 等元素，是用铁矿石经高炉冶炼后的产品。根据生铁里碳存在形态的不同，又可分为炼钢生铁、铸造生铁和球墨铸铁等几种。生铁具有坚硬、耐磨、铸造性好等性能。但生铁脆，不能锻压。

b 铁合金

铁合金（ferroalloys）是铁与一种或几种元素组成的中间合金，主要用于钢铁冶炼。在钢铁工业中一般还把所有炼钢用的中间合金，不论含铁与否（如硅钙合金），都称为"铁合金"。习惯上还把某些纯金属添加剂及氧化物添加剂也包

括在内。

铁合金经过工业炼制，有着许多不同的用途。比如：作为炼钢脱氧剂，应用最广泛的是硅锰、锰铁和硅铁。铝（铝铁）、硅钙、硅锆等可以作为强烈的脱氧剂（参见钢的脱氧反应）。其中常用作合金添加剂的品种有锰铁、铬铁、硅铁、钨铁、钼铁、钒铁、钛铁、镍铁、铌（钽）铁、稀土铁合金、硼铁、磷铁等。各种铁合金又根据炼钢需要，按合金元素含量或含碳量高低规定许多等级，并严格限定杂质含量。含有两种或多种合金元素的铁合金叫做复合铁合金，使用这类铁合金可同时加入脱氧或合金化元素，对炼钢工艺有利，且能较经济合理地综合利用共生矿石资源，常用的有锰硅、硅钙、硅锆、硅锰铝、硅锰钙和稀土硅铁等。

c　钢

钢是指含碳量介于 0.02% ~2.04% 之间的铁合金的统称。钢的化学成分可以有很大变化，只含碳元素的钢称为碳素钢（碳钢）或普通钢。在实际生产中，钢往往根据用途的不同加入不同的合金元素，比如：锰、镍、钒等等。人类对钢的应用和研究历史相当悠久，但是直到 19 世纪贝氏炼钢法发明之前，钢的制取都是一项高成本低效率的工作。如今，钢以其低廉的价格、可靠的性能成为世界上使用最多的材料之一，是建筑业、制造业和人们日常生活中不可或缺的材料。

B　废铁的产生

钢铁厂生产过程中不成为产品的钢铁废料（如切边、切头等）以及使用后报废的设备、构件中的钢铁材料，其中成分为钢的叫废钢，成分为生铁的叫废铁，其统称为废钢。

自从有铁之后就产生了废铁。古代废铁几乎没有任何用途，从近代渐渐开始进行重新利用，废钢（废铁）是铁的衍生品。废钢和铁的成分没有什么不同。国家也有相关的政策，提倡废旧资源再回收。

目前世界每年产生的废钢总量为 3 亿~4 亿吨，约占钢总产量的 45% ~50%，其中 85% ~90% 用作炼钢原料，10% ~15% 用于铸造、炼铁和再生钢材。

我国废钢铁资源产生的地域分布也不平衡，全国 80% 以上的废钢铁资源分布在京、津、沪、粤、辽、黑、冀、晋、鲁、鄂、川及江苏这 12 个工矿企业比较集中、人口比较稠密的省市；其他地区由于地理条件较差、人口较少，生成的废钢资源不足 20%。

在 2005 年，我国国内主要钢厂废钢单耗为 169.08 公斤，比 2004 年的 220 公斤有较大幅度的降低，幅度达到了 23%。2005 年我国进口废钢约 1020 万吨，出口量可以忽略不计，废钢需求量将达 6190 万吨，生产回收 1043 万吨。

在炼钢中占有一定份额的废钢，将随着时代的发展和资源不断增加而逐步替代矿石，减少环境污染和能耗。

图 8-9　废旧钢铁

C　铁金属制造带来的环境问题

a　能耗

钢铁工业是能源消耗大户，我国钢铁工业的消耗占全国总能耗的 9% ~ 10%，特别是炼铁过程中用煤数量巨大，因此对生态环境的影响也很大。

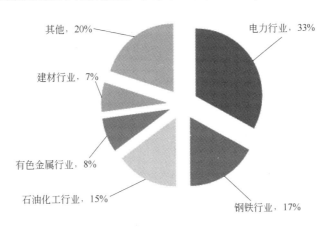

图 8-10　2009 年中国钢铁耗能在全国能耗总量的份额图

b　水资源消耗

作为钢铁生产大国，目前我国钢铁生产水平与国外先进企业仍有较大差距。在耗水方面，我国 2006 年吨钢耗新水 6.56 立方米，而国外一些先进钢铁企业 2005 年吨钢耗新水只有 3.36 立方米。

钢铁企业生产工艺用水量大，循环水量就大，从而造成补水量大。目前高炉多采用水冲渣法，1 吨渣约需 10 立方米水；绝大多数大中型高炉煤气湿法净化、转炉烟气湿法除尘、连铸传统的水冷等，都要消耗和污染大量的水资源。

c　铁金属制造行业排放的污染

用来炼钢的燃料燃烧排出大量 SO_2、CO_2、NO_x 等有害气体，其中 SO_2 形成酸雨，CO_2 形成大气温室效应，影响全球气象变迁。

资源和能源消耗以及排放所带来的环境问题已成为制约钢铁生产发展的重要因素。我国 CO_2 排放量仅次于美国，2004 年我国钢铁工业（统计 75 家企业）CO_2 排放总量达到 4.08 亿吨之巨。自签订了"京都议定书"后，在世界范围内都要采取措施限制 CO_2 排放量，要求工业发达国家限制和减排 CO_2，北欧一些国家已开始征收 CO_2 排放税。

D　铁金属回收的好处

a　节省能源消耗

钢铁工业主要的铁源为铁矿石，每生产 1 吨钢，大致需要各种原料（如铁矿石、煤炭、石灰石、耐火材料等）4~5 吨，能源折合标准煤（发热值为 7000 千卡/公斤的煤）0.7~1.0 吨。而利用废钢做原料直接投入炼钢炉进行冶炼，每吨废钢可再炼成近 1 吨钢，可以省去采矿、选矿、炼焦、炼铁等过程，显然可以节省大量自然资源和能源。目前在炼钢金属料中，废钢已占总量的 35% 左右，由铁矿石炼得的生铁占总量的 65% 左右；因此废钢的利用，引起社会的普遍重视。

b　减少污染物排放

目前经济发达国家对钢的回收利用已达到消费量的 30%~50%。生产 1 吨钢，燃料燃烧排放的二氧化碳约为 1.8~2.0 吨，废钢回炉流程炼钢排放的二氧化碳约为 0.6~0.7 吨。

c　变废为宝

在机械加工及制造行业，常产生大量的铁屑。利用这部分铁屑可生产许多化工原料或化学试剂。例如，工业上利用铁屑制作硫酸亚铁、聚合硫酸铁和氧化铁红等等，这样可以真正做到变废为宝，减少资源浪费。

8.4.1.4　非铁金属

A　定义和分类

非铁金属指的是除铁和铁基合金（其中包括生铁、铁合金和钢）以外的所有金属。非铁金属占世界金属生产量的 5%，但其产值很高。

非铁金属按其密度、价格、在地壳中的储量及分布情况、被人们发现的时间的早晚等大致分为五大类：

（1）轻金属。一般指密度为 4.5g/cm^3 以下的金属，包括铝、镁、钠、钾、钙、锶、钡，这类金属的共同特点是密度小于 0.53~4.5g/cm^3，化学性质活泼。

（2）重金属。一般指密度在 4.5g/cm^3 以上的金属，包括铜、铅、锌、镍、钴、锡、锑、汞、镉、铋、铬、锰。

（3）贵金属。这类金属包括金、银和铂族金属（铂、铱、锇、钌、铑、钯），它们因在地壳中含量少，提取困难，价格较高而得名。贵金属的特点是密度大（10.4～22.4g/cm³），熔点高（1189～3273K），化学性质稳定。

（4）半金属。一般指硅、锗、硒、碲、砷、锑、硼、钋、砹，其物理化学性质介于金属和非金属之间（见半金属）。

（5）稀有金属。通常指在自然界中地壳丰度小，天然资源少，赋存状态分散难以被经济地提取或不易分离成单质的金属。这类金属一般开发较晚，包括锂、铷、铯、铍、钨、钼、钽、铌、钒、钛、锆、铪、铬、铼、镓、铟、铊、稀土金属、锕系金属及超锕元素等。随着技术和生产的发展，普通金属与稀有金属的界限日益模糊，这是因为大部分稀有金属在地壳中并不稀少，比铜、镉、银、汞等还多。

B　非铁金属引发的环境问题

根据经济合作与发展组织（OECD）环境局最近公布的一项研究报告表明，经济合作与发展组织国家中的原生金属短缺可能仍然成为与气候变化一样严重的问题。研究报告表明，铜供应可能会在短短60年内用尽，而锡和锌有可能在40至50年内消失。

世界著名的英国伦敦帝国学院在其进行的研究已经证实，废纸和七种金属：铝、铜、钢、铅、镍、锡和锌的综合回收利用，每年至少减少全球二氧化碳排放量5亿吨，这相当于全球石化燃料排放量的1.8%。

一个业内人士已经指出，废铝通过同样的生产提炼过程可节省95%的能源，而铜和铅则分别节约了85%和65%的能源。我们相信，关于耗水量的研究将会提供同样令人印象深刻的证明，即回收利用比从地下开采原材料更有效益。

C　非铁金属的回收

（1）铝。纯铝很软，强度不大，有着良好的延展性，可拉成细丝和轧成箔片，大量用于制造电线、电缆、无线电工业以及包装业。

铝工业一直是回收的强劲推动者，因为铝回收只需生产原铝所用能量的5%；同时温室气体的排放量也显著降低。并且铝的回收利用程度比较高，根据伦敦国际铝协会的数据，再生铝总产量已达到原铝总产量的一半，估计来源于新旧废料的再生铝各一半。世界金属统计局报道，2008年原铝产量为3926万吨，再生铝产量（不包括以废料形式直接利用的铝）为816万吨。尽管近几年原铝需求量显著增长，但再生铝比例的增长是中国铝工业的繁荣所致。

铝作为有色金属品种中的明星，由于它的回收利用，再生铝产业带来的排放量减少至少10%以上。

（2）铜。铜有比铝长得多的应用历史。国际铜协会指出，因为连续不断的回收，过去开采的全部铜至少80%仍然存在，并在各部门应用。假设大多数铜产品的平均使用期为 30 年，则铜的实际回收效率为 80%～85%。铜基产品的使用期变化很大，电子产品只有几年，电缆和水管是几十年，屋顶用和其他建筑用铜可使用 100 年以上。

随着社会发展，原生精铜和再生精铜的产量都在上升，但后者的增速高于前者。根据国际铜研究组数据，2002～2007 年，原生铜产量上升 13.65%，从 1346 万吨升至 1529 万吨；同期再生铜产量上升 43.94%，从 190 万吨上升到 273 万吨。据世界金属统计局数据，2008 年原生铜产量为 1848 万吨，再生铜产量为 257 万吨。这意味着在精铜总产量中再生铜的份额已从 2002 年的 12.36% 上升到 2007 年的 15.16%，但是产成品生产者（包括黄铜厂、铸造和铸锭厂）直接利用的废料量（包括新旧废料）超过全球再生精铜产量。根据设在纽约的铜发展协会的数据，2006 年全世界从所有形式废料中回收的铜（包括精铜和直接熔融的铜）的计算量约为 720 万吨（不包括同一工厂产生和再用的返回废料），1980 年这一数字约为 400 万吨，2000 年约为 680 万吨，2003 年为 550 万吨。从所有废料中回收的铜，作为全球铜总产量的一部分（即回收投入比），几十年来在 30%～40% 范围内波动，2003 年降至最低点 28%，1995 年达到高峰 40%，2006 年和 2007 年约为 32%。

8.4.2　不可回收垃圾

所谓不可回收垃圾是指除可回收垃圾之外的垃圾，常见的有在自然条件下易分解的垃圾，比如菜叶、果皮、剩菜剩饭、花草树枝树叶等，还包括烟头、煤渣、建筑垃圾、油漆颜料、食品残留物等废弃后没有多大利用价值的物品。

生活垃圾分为可回收垃圾、厨余垃圾、有毒有害垃圾和其他垃圾，其中厨余垃圾、有毒有害垃圾和其他垃圾属于不可回收垃圾。

8.4.2.1　厨余有机物

A　定义

我国城市垃圾正在以每年 8.98% 的速度增长，少数城市的增长率更高，北京的增长率甚至高至 20%。厨余有机物又叫厨余垃圾，是城市垃圾当中的一部分，俗称厨房垃圾，狭义的厨余垃圾是有机垃圾的一种，包括剩菜、剩饭、菜叶、果皮、蛋壳、茶渣、骨、贝壳等，泛指家庭生活饮食中所需用的来源生料及成品（熟食）或残留物。广义的厨余垃圾还包括用过的筷子、食品的包装材料等。

B　厨余垃圾带来的危害

厨余垃圾在我们生活当中很常见，例如食物的残

图 8-11　不可回收物标志

图 8-12 厨余垃圾

余和食品加工废料。废弃食物和食品加工废料主要由不可再食用的动植物油脂和各类油水混合物组成。厨余垃圾高油脂、高脂肪、高蛋白，油脂含量及盐分远高于其他有机垃圾，收集运输成本高，处理难度大。厨余垃圾中富含的有机物在温度较高时会很快腐烂变质，产生大肠杆菌等病原微生物，如果直接喂养生猪会通过食物链危害人体健康。

废弃食用油脂主要为饭店产生的老油和厨房隔油池中的地沟油。经过多次反复油炸、烹炒后的废弃食用油脂，含有大量的致癌物质，如苯并芘、黄曲霉素等，长期食用会导致慢性中毒，容易患上肝癌、胃癌、肠癌等疾病。

厨余垃圾具有含水率高及有机物成分含量高等特点，因此在收集和运输的过程当中易产生臭气和渗滤液，滋生蚊、蝇、虫、蟑等病媒。并遭鼠类、狗等翻食，若无妥善处理，不仅会妨害卫生，还会污染空气及水源。

C 厨余垃圾的处理

鼓励民间企业开办厨余垃圾处置厂，以满足厨余垃圾无害化和资源化的要求。在条件成熟的时候，出台相关政策，规定宾馆、饭店、餐馆和机关、部队、院校、企事业单位对本单位产生的厨余垃圾进行委托或自行收集、清运、集中到指定地点消纳，不得将溜水排入雨水、污水排水管道、河道、公共厕所，不得混入其他生活垃圾内，禁止使用饭店、宾馆、餐厅、食堂产生的未经无害化处理的厨余垃圾饲喂动物。

2010 年 5 月广州番禺区首个厨余垃圾分类试点在海龙湾小区正式启动。番禺建立了一个厨余垃圾处理厂，目前的日处理能力为 10 吨，日后将扩大到 1000 吨/天，可处理整个番禺区的厨余垃圾。该厂距离海龙湾小区 20 公里以内，将采用生物协同技术处理厨余垃圾，不会产生二噁英等有害有毒气体，也不会产生渗滤液、残渣、飞灰等有害物质。

一方面由于厌氧消化后产生的沼气是清洁能源，消化后的最终物可作为高质量的有机肥料和土壤改良剂，能在有机物质转变成甲烷的过程中实现垃圾减量化；另一方面与好氧过程相比，厌氧消化过程不需要氧气，使用成本低。因此，通过厌氧方法来处理有机废物是理想的方法。

D　厨余垃圾处理不当威胁人类身体健康

2003 年 11 月，郑州 13 名民工食用"地沟油"后，集体食物中毒，并出现头痛、呕吐不止等症状，因抢救延迟，甚至有人晕倒。而对"地沟油"进行实验测定显示，长期摄入"地沟油"将会对人体造成伤害，如发育障碍、易患肠炎，并有肝、心和肾肿大以及脂肪肝等病变。此外，"地沟油"受污染产生的黄曲霉毒性不仅易使人发生肝癌，也有可能引发其他部位癌变，如胃腺癌、肾癌、直肠癌及乳癌、卵巢、小肠等部位癌变。

据央视新闻报道，北京一些小店里烤鸭滴下来的油成了商品，他们在烤鸭炉旁摆上大号塑料桶，鸭子身上不断溢出的油流向下面的金属盘内，味道闻起来还挺香，但油呈现黑色，漂着许多杂质。

由于烤鸭油里有不少调料味，成了抢手货，烤羊肉串的摊贩、早点摊、小饭馆甚至职工食堂都会买来再次加工食品。在北京的调查中，6 家烤鸭作坊无一例外地把烤鸭油销售给一些烧烤摊主和小饭馆。烤鸭油多是饱和脂肪酸，从鸭身上烤下来，又经过反复的高温加热过程，饱和脂肪酸就容易过氧化。如果长期、过多食用，对人体健康有害，有可能出现致癌的风险。

所以，餐厨垃圾应当纳入生活垃圾处理的范畴，建立专门的收集、运输和处理系统，实施专项管理。

8.4.2.2　包装物

包装物指在生产流通过程中，为包装本企业的产品或商品，并随同它们一起出售、出借或出租给购货方的各种包装容器，如桶、箱、瓶、坛、筐、罐、袋等。

随着现代塑料工业的发展及消费水平的提高，大多数包装物为一次性使用品，用后即弃，造成环境污染。例如家用电器、工业仪器仪表等包装物、快餐盒、饮料杯等的白色发泡聚苯乙烯塑料，其特点是体积大，重量轻，不腐烂，不分解，被人们用后抛弃，造成铁路沿线、江河航线、城市及风景点到处是白色泡沫，严重影响环境和市容卫生，被人们称为"白色污染"。

据估计，全世界每年产生的垃圾中，大约有 1/3 属于包装废弃物，我国也不例外。目前，我国年包装废弃物的数量为 1600 万吨左右，每年还在以超过 12% 的速度增长，回收情况除啤酒和塑料周转箱之外，其他包装废弃物的回收率相当低，整个包装产品的回收率还达不到包装产品总产量的 20%。大量被丢弃的食物包装袋和包装盒之类的垃圾中仍有残剩食物，这些残剩的食物霉变之后臭气熏天，是老鼠的藏身地和蚊蝇的滋生处，且常常会发生将未处理的旧塑料袋、食品包装盒不经任何消毒和再生制作就流向市场，产生二次污染，危害消费者的健康。

产生这种结果的原因是：第一，我国包装废弃物分类回收工作严重滞后，甚至几乎没有进行城市垃圾的分类工作；第二，我国包装制品的回收渠道混乱；第三，我国关于包装废弃物回收处理的立法比较薄弱。

包装物是完全可以回收利用的。回收不仅可以解决垃圾处理问题、节省大量的资源和能源，而且也可以带来直接经济效益。已有一些发达国家对垃圾成功地实施回收利用，尤其是对产品包装废弃物的回收利用，创造了巨大的经济效益。

从国际大环境来看，以低碳经济为特征的温室气体减排指标将越来越严格，以生态安全为特点的新贸易壁垒的影响将日益加深。实施绿色新政，发展循环经济，已成为许多国家应对目前金融危机的一种手段。包装物作为产品的重要组成部分，绿色化是必然趋势。加强包装物回收利用管理是经济社会发展的现实要求。国外许多国家成功的经验表明，通过立法实施包装物回收利用是实现节能减排、提高资源综合利用、保护环境的有效方式。德国是世界上最早提出包装物回收利用的国家，也是世界上最早开始使用环保标志的国家。巴西通过立法和激励手段相结合，强调致力于以城市为重点的包装废弃物资源化利用，包装物回收利用率位居世界前十位，其成功的包装物回收利用模式值得我们借鉴。日本、韩国也制定了比较完善的包装物回收利用管理的法律法规。在一些经济发达国家，生产者责任延伸制已成为发展循环经济不可或缺的管理制度，并且正在成功地实践。以生产者为主的责任延伸制度最基本的特征是强调生产者的主导作用，生产者不仅要为产品的质量负责，同时还应依法取得产品废弃后的回收利用等责任。另一个基本特征体现是产品生命周期原则，强调在产品整个生命周期中生产者、销售者、消费者、回收者等不同的利益群体要共同分担包装物回收利用的社会责任。

包装物回收利用两大模式主要包括德国模式和中国台湾模式。

A 德国模式

德国是世界上最早对包装物回收利用进行立法的国家。1991 年 6 月 12 日生效的德国《防止和再生利用包装废物条例》(Ordinance on the Avoidance and Re-covery of Packaging Wastes)(下称《包装废物条例》)，是世界上第一个由生产者负责包装废物的法律。其中心思想是：首先是要避免包装，尽量限制或消除包装材料的使用，对无法避免的包装材料反复利用或作为原料再利用。

该法第一次将避免、减少和再利用的原则写进了法律中。

《包装废物条例》设定了包装物强制性循环利用的阶段目标。该条例最显著的特征是要求把包装投入市场流通的制造者、包装者、经销者承担回收和循环利用责任,从而大大减轻了地方政府处理废物的负担。

该条例还授权制造商和经销商委托第三方替代履行回收利用义务,允许成立生产者责任组织(PRO),以统一收集、利用替代个别履行,它直接导致了德国包装物回收组织 DSD(Dual System Deutschland AG)和绿点标志的诞生。这是与地方政府垃圾处理系统同时并存的另一个回收利用系统,所以又称"二元"处理系统。

希望加入 DSD 项目的生产者和经销商通过付费取得在其包装材料上使用绿点标志的许可,经由绿点系统组织回收和再生利用包装废物,从而免除个别企业的履行义务。使用绿点标记的费用取决于包装材料的类型和重量,一般越重越难以再生利用的包装许可费越高。塑料收费最高,天然材料和玻璃收费最低。DSD 并不建立自己的分类和再生利用企业,而是通过与专业的废物收集、循环利用和处理企业合作。目前 DSD 的合作伙伴已达到 700 多家。

德国政府对 DSD 的运营实施监管,设定了某些条件限制,包括以前设立的全国性的赔偿基金、设定常规的收集明细表,强制达到法定的包装物收集和循环利用目标等。

B　中国台湾模式

1997 年,中国台湾地区的行政部门提出要发展循环经济,提出"资源四合一"的概念,资源的四个方面包括了大众、回收商、回收基金会和地方政府,四合一就是要让这四块资源发生互动。在这个基础上,1998 年,台北市成立了废弃物资源回收基金管理委员会(下称回收基管会),它是由政府主导,利用政策和基金补助的方式支持资源回收工作的典型。

在这个四合一里,首先由台北市有关部门规定有 14 大类,33 项产品属于应回收的项目,这些产品的生产者和使用者都要缴费,比如铁、铝、玻璃容器、机动车辆、轮胎、氢电池、润滑油等等。

回收基管会的基金补贴则对回收起到经济拉动作用。回收基管会最主要的工作就是跟产品制造和使用者来商订对方要交多少回收处理费,他们会每年开一次会研究每个产品的费率。收上来的费用交给基管会去补贴整个资源回收系统的各个主要成员:比如消费者、回收商和回收处理企业。

回收基管会的第二个工作是如何发放和发放多少补贴,这就需要对回收的各个环节做大量稽核认证工作。基管会会寻找大量合作团体进行资源回收数量核查。这个制度对废弃物的回收和资源再利用还是很有效的,台湾地区各地方资源回收量从 1998 年的 5.87% 增长到了 2007 年的 30.05%,而且后面的增速会更快。

这也是后来为什么台湾地区不少大型垃圾焚化厂的工程纷纷叫停,因为很大一部分废弃物被回收再利用了。

目前，在台湾仅废弃物处理企业就有 37 家。这些企业所拿到的补贴依照营业项目和处理方法的不同而有所不同。

但是政府主导的这种补贴制度存在一个问题，处理厂的平均产能利用率从 3.3% 到 81.5% 有非常大的起伏。产能利用率过低说明处理效果不是非常好。这就反映出，在政府的单方面强力推动和补贴之下，这些企业往往缺少市场竞争者。所以处理厂商越多，反而有可能导致废弃物的处理效率越低。

同时，政府部门因为要制定费率，但他们不跟市场直接接轨，参与制定者都是学者、专家，不太懂经营管理，所以这个工作成了非常大的挑战。第二个问题是厂商为了少交费，企业想多要补贴，当然会发生虚报、多报处理成本的情况。所以政府就需要聘用大量的第三方团体来做稽核工作，这就导致政府为了这个项目花费大量人力和经费来定费率和核查。

参照在欧洲调研的结果，台湾方面已经意识到要把"资源四合一"增加为"五合一"，要加入包装生产制造企业和消费企业的参与。这样就能极大降低管理成本和同时提高效率。政府也可以回到自己的专业领域去制定规范，做前瞻性计划，而不是包揽所有的角色。

8.4.2.3 纺织物

纺织物是由纺织纤维组成。纺织纤维分天然纤维和合成纤维两种。亚麻、棉纱、麻绳等是从植物中获取的，属于天然纤维；羊毛和丝绸来自动物，也是天然纤维。合成纤维的种类很多，例如尼龙、人造纤维、玻璃纤维等等。

纺织废物则包括：纺织品生产过程中的下脚料、废布以及用过的旧衣服和其他废弃纺织品。这些废弃物一般的处理方式是焚烧或掩埋，这既浪费了资源，又造成了环境污染。

组成废弃纺织品的纤维种类繁多，其在纺织染整加工中又经各类化学品处理，因此，简单的回收再利用是不合理的，这就需要研究无污染的处理办法和开发再利用废弃纺织品的新办法和新途径。

其处理一般是先将天然纤维素纤维（棉、麻）、浆纱或织物（旧衣物）用机械分解成纤维状，再进行纯纺或混纺，织成织物。而且随着非织造技术、转杯纺和摩擦纺等新技术的相继问世，植物纤维也可用作非织造布原料或经处理（主要是脱色、脱油脂）后用作黏胶纤维、Lyocell 纤维及造纸原料。美国的克兰造纸公司利用废旧纯棉衣物制造美钞用纸；国内某企业将回收的衣服破碎成片后，经过开松、粗梳、纺纱，在剑杆织机上用作纬纱织造 2/2 和 3/1 斜纹机织物，其生产结果令人满意，且其制品价廉，可用于清洁领域、包装布和覆盖织物。英国利物浦的生态学家正在研究利用回收的碎布料来种植各类花草以绿化、美化城市，且已有成功的经验。其具体做法是将花种草籽置于用废旧布料织成的毯子上，这种毯子充当地面覆盖物，防止水土、肥料的流失和鸟类的啄食，并能抑制杂草生长。这种利用回收布料制成的野花草地具有成本低、使用方便和不污染环境等优点。

美国 DMS 化工公司把成包的地毯废料首先切碎进入解聚反应器。在反应器中解聚完成了把尼龙变成己内酰胺，用过热蒸汽把己内酰胺送走并提纯，用这种设备生产的新品的质量可满足各种用途。把地毯中的尼龙转化成己内酸胺之后，底布上的熔胶体从反应器取出冷却制成固定板材，可以破碎。这种回收的副产品含量主要是粉末、聚丙烯和 SBR（含成丁苯橡胶）。可以用来制水泥，康合体的有机成分可当燃料，粉末也可再利用。

日本帝人公司研究的先进技术，声称可以把聚酯瓶等旧料还原成对苯二甲酸二甲酯（DMT）和乙二醇（EG），然后用它们再生产质量好的聚合物。这项技术也可以抽取任何的添加剂和反应剂。运用新技术的一个年产 3 万吨的工厂在 2002年初投产。帝人公司从事 PET 瓶子回收工作已经多年了，现有生产能力超过3000 吨/年，从 1971 年开始它们就回收利用生产过程中涤纶纤维的废料。

8.4.2.4　矿业废物

矿业废物包括矿山开采和矿石冶炼生产过程所产生的剩余废弃物。其中，矿山开采所产生的固体废物又分为两大类，即废石（包括煤矸石）和尾矿，两者均以其数量大、处理比较复杂而成为环境保护的难题之一。

在矿山开采过程中所产生的无工业价值的矿体围岩和夹石统称为矿山废石，即对于坑采矿来说，就是坑道掘进和采场爆破开采时所分离出来而不能作为矿石利用的岩石；对于露天矿来说，就是剥离下来的矿床表面的围岩或夹石。通常，坑采矿（井下矿）每开采 1 吨矿石会产生废石 2 ~ 3 吨，露天矿每开采 1 吨矿石要剥离废石 6 ~ 8 吨。在有色金属矿山中，一个大、中型坑采矿山，基建工程中一般要产生废石 20 万 ~ 50 万立方米，生产期间也还会产生 60 万 ~ 150 万立方米废石。一个露天矿山的基建剥离废石量，少则几十万立方米，多则上千万立方米。矿石在选矿过程中选出目的精矿后，剩余的含目的金属很少的矿渣称为尾矿（习惯上称尾砂）。通常，每处理 1 吨矿石可产生尾砂 0.5 ~ 0.95 吨。

A　矿业废物的危害

矿业废物大量堆存，污染土地，或易造成滑坡、泥石流等灾害。废石风化形成的碎屑和尾矿，或被水冲刷进入水域，或溶解后渗入地下水，或被风刮入大气，再以水、气为媒介污染环境。这些废物中，有的含有砷、镉等剧毒元素，有的含有放射性元素，都有害于人类健康。

矿山废石和尾砂不仅需要占用大量的土地，而且会直接污染环境，威胁人们生命财产的安全。尾砂具有颗粒细、体重小、表面积大，具有遇水容易流走、遇风容易飞扬等特点，因此，尾砂对空气、水体、农田和村庄都是一种潜在的危害。

矿山尾砂库垮坝导致的污染物迁移和扩散不仅威胁人体健康和生命安全，而且会导致大面积的土地污染，使下游土地的重金属含量升高，土壤酸化，有机质含量降低和土壤板结。例如：西班牙南部的 Aznalcollar 硫铁矿尾砂坝坍塌曾导致 Agrio 和 Guadiamar 流域 55 平方公里范围内的土壤受到重金属污染，土壤中 Pb、Zn、As、Cd 和 Cu 的含量分别增加到 1786mg/kg、1449mg/kg、589mg/kg、5.9mg/kg 和 420mg/kg，受污染土壤的 pH 值最低下降到 2.0。

1985 年，湖南郴州柿竹园矿区尾砂坝坍塌，致使尾砂冲入东河两岸农田，即使沿岸农田中的尾砂已被清理，但该地区农田土壤的 As 和 Cd 含量仍然高达 709mg/kg 和 7.6mg/kg。

2000 年 11 月，广西河池一尾砂坝倒坍，导致附近土壤受到重金属污染，数年内污染严重的土壤区域甚至寸草不生。

B 矿业废物处理方法

为防止废石和尾矿受水冲刷和被风吹扬而扩散污染，可采用下列稳定法：

（1）物理法。向细粒尾矿喷水后覆盖上石灰和泥土，用树皮、稻草覆盖顶部，这种方法对铜尾矿最为有效。也可在上风向栽植防风林，并用石灰石粉和硅酸钠混合物覆盖。

（2）植物法。在废石或尾矿堆场上栽种永久性植物。试验证明，铅锌矿钙质尾矿场适于种植牛毛草，铅锌矿的酸性尾矿场适于种植莘草。英国还发现矿山地区自然生长一种禾草，有抵抗高金属含量和耐低养分的能力，能起良好的稳定和保护作用。

（3）化学法。利用可与尾矿化合的化学反应剂（水泥、石灰、硅酸钠等），在尾矿表面形成固结硬壳。此法成本较高，有的尾矿常同砂层交错，化学反应剂难于选择。化学法可以同植物法结合起来处理尾矿，在尾矿场播下植物种子后，施加少量化学药品防止尾矿场散砂飞扬，保持水分，以利于植物生长。美国的科罗拉多、密歇根、密苏里、内华达等州已有效地采用了这种方法。

（4）土地复原法。在开采后的土地上，回填废石、尾矿，沉降稳定后，加以平整，覆盖土壤，栽种植物或建造房屋。中国某些地区的粉煤灰贮灰场、铁和铝矿废石场等已完成土地复原，种植植物，发展生产。

8.4.3 有毒有害垃圾

有毒有害垃圾是指对人体健康有害的重金属、有毒的物质或者对环境造成现实危害或者潜在危害的废弃物。

8.4.3.1 灯泡

以一间普通家庭客厅的照明标准作为研究背景，设客厅的面积为 24 平方米，需要 4 盏 9 瓦的节能灯，或是 4 盏 45 瓦的白炽灯照明（节能灯的光通量是白炽灯的 5 倍）。

我国照明目前普遍采用发光效率低下的白炽灯和传统的荧光灯，由于发光原理的不同，白炽灯在生产和废弃阶段不涉及汞排放，但其在使用阶段对于电能消耗较大（我国主要火力发电，所以假定电能来自于煤燃烧），煤燃烧过程中向大气排汞，属于间接排汞；节能灯在生产阶段直接添加汞，废弃阶段回到自然界。

节能灯使用分散，其回收取决于回收渠道、回收成本以及相关的政策支持等。据台湾有关研究显示：公共场合使用节能灯占总量 20%，家庭使用量占 80%。而真正逆向物流回收的仅占 8% 左右，其余 92% 的废弃节能灯被送到垃圾场填埋。中国的回收利用也不会超过这个数字，填埋在垃圾填埋场的汞往往以甲基汞蒸气的形式进入环境中，这比无机汞更容易进入生物链，相对危害也就大得多。尽管我国早已颁布一系列的法律法规，并将荧光灯管列为 HW29 类含汞危险废物，但在实际处理过程中废弃灯管往往同生活垃圾一起直接进入城市生活垃圾系统。废灯管无害化处置率低，这与缺乏相关的回收利用技术、有效的回收渠道和处置场所有关。更为根本的是多数居民对废灯管的危害知之甚少，不能引起重视，随意丢弃灯管。曾有城市设置灯管回收箱，被市民当做生活垃圾箱，最终导致回收体系建立的失败。

丹麦每年耗用 18 吨汞电池，其中约合 6 吨纯汞，并且每年使用大约 5 百万只荧光管，2 万米广告灯管和 120 万只灯泡，其中均含汞。丹麦环保局于 1977 年夏开始对收音机、电视机等企业防止汞污染采取措施。向汞电池经售商和公共图书馆印发 10 万册宣传汞污染危险性的小册子。

8.4.3.2　电池

电池在我们生活中的使用量正在迅速增加，已深入到我们生活和工作的每一个角落。我国是电池生产和消费大国，目前年产量达 140 亿枚，占世界产量 1/3。如果以全国约 3.6 亿个家庭，每户每年用 10 枚计，消费量已是 36 亿。

如此庞大的电池数量，使得一个极大的问题暴露出来，那就是如何让这么多的电池不去污染我们生存的环境。据我们调查，废旧电池内含有大量的重金属以及废酸、废碱等电解质溶液。如果随意丢弃，腐败的电池会破坏我们的水源，侵蚀我们赖以生存的庄稼和土地，我们的生存环境面临着巨大的威胁。实施并倡导废旧电池分类收集活动为越来越多的人所认识，并得到越来越多的重视、支持和参与。

A　废旧电池为什么会污染大自然

废旧电池中含有重金属镉、铅、汞、镍、锌、锰等，其中镉、铅、汞是对人体危害较大的物质；而镍、锌等金属虽然在一定浓度范围内是有益物质，但在环境中超过极限，也将对人体造成危害。

长期以来，在生产干电池过程中，要加入一种有毒物质——汞或汞的化合物。我国的碱性干电池的汞含量达 1%～5%，中性干电池为 0.025%，全国每年用于生产干电池的汞就达几十吨之多。废弃在自然界电池中的汞会慢慢从电池中溢出来，进入土壤或水源，再在微生物的作用下，无机汞可以转化成甲基汞，聚集在鱼类的身体里，人食用了这种鱼后，甲基汞会进入人的大脑细胞，使人的神经系统受到严重破坏，重者会发疯致死。著名的日本水俣病就是甲基汞所致。汞及其化合物毒性都很大，特别是汞的有机化合物毒性更大。鱼在含汞量 0.01～0.02mg/L 的水中生活就会中毒。

　　1993 年，国际抗癌联盟将镉定为ⅠA 级致癌物。因此，许多经济发达国家已建议禁止使用镉镍电池而使用镍氢电池取代镉镍电池，避免了镉的使用。而我国的绝大多数电池生产企业仍用镉作为生产电池的原料。

　　镉不是人体所必需的微量元素。镉在人体内极易引起慢性中毒，主要病症是肺气肿、骨质软化、贫血，可导致人体瘫痪；而铅进入人体后最难排泄，它干扰肾功能、生殖功能，它所导致的肾损伤是不可逆的，同时肾损伤后还可能继发骨质疏松、软骨症和骨折。长期食用受镉污染的水和食物，可导致骨痛病，镉进入人体后，引起骨质软化骨骼变形，严重时形成自然骨折，以致死亡。

　　B　废电池的回收

　　废电池说废其实也不"废"，其中含有大量的有色金属，而有色金属是地球上不可再生的宝贵资源。对于废电池的最佳处理办法是再生利用，提取其中的有用成分，将废物变为资源。废电池的回收，是废电池环境管理的首要环节，也是难度最大的一个环节。由于电池的使用者遍及千家万户，而且每个用户的用量又不是很大，因此导致废电池收集起来十分困难。

　　废电池的环境管理是一项复杂的系统工程，涉及收集、分类、运输、处理、处置等一系列过程，牵扯面广，需要环保部门、环卫部门、经济管理部门、电池生产企业、电池销售商以及公众共同配合才能做好。同时宣传教育手段要与行政手段、法律手段、经济手段相结合，多管齐下，才能推动这项工作的开展。但是，据中国电池工业协会统计，我国目前的废旧电池回收率不足 2%。我们以在全国范围内废电池回收处于领先地位的上海为例，上海现在回收废旧电池有 5 种途径：在试点小区专门设置"有害垃圾"分类箱或专门的废电池回收处；从 1998 年起，在各大中小学和政府机关设立废旧电池回收处；在遍布市区的 2000 多个"东方书报亭"，市民买新电池时可凭一节废电池享受

图 8-13　废电池回收标志

两角人民币优惠；在华联、联华等大超市以及一些大商场设有废电池回收点；在街头的分类垃圾箱上，安装有回收废电池的特别分类筐。上海虽然从 1998 年 5 月开始启动废旧电池回收工作，且全市的废旧电池回收点已达到 6000 多个，迄今已回收废电池 175 余吨，但与全市每年产生 3200 吨废旧电池相比，仍有很大距离。

目前经济发达国家在废电池的环境管理方面已经取得了很大的进展。在德国，目前已做到废电池全部收集、分类处理和处置。政府已经立法，明确规定：对于毒性大的铅酸蓄电池、含汞电池、镉镍电池等必须标有再生利用标识；电池生产厂家和经销商必须收集所有废电池；经销商必须将有标识和无标识的电池加以分类；电池生产企业必须建立电池再生利用和处理设施；对于所有的废电池必须优先考虑再生利用，对于不可再生利用的电池要根据废物管理法进行妥善处置；在电池的生产方面，要进一步降低电池的重金属含量，尤其要降低碱锰电池的汞含量，积极开发对环境危害小的新产品。

美国是在废电池环境管理方面立法最多和最细的国家，不仅建立了完善的废电池回收体系，而且建立了多家废电池处理厂，同时坚持不懈地向公众进行宣传教育，让公众自觉地支持和配合废电池的回收工作。

C　废电池的处理

废旧电池的回收是循环再利用的第一步，进行后续处理是循环再利用的关键。目前已经回收上来的废旧电池仍然躺在仓库中，无家可归。处理废旧电池的技术并不成问题，经济发达国家已经有现成的技术。

德国马格德堡近郊区正在兴建一个"湿处理"装置，在这里除铅蓄电池外，各类电池均溶解于硫酸，然后借助离子树脂从溶液中提取各种金属物，用这种方式获得的原料比火法处理更纯净，因此在市场上售价更高，而且电池中包含的各种物质有 95% 都能提取出来。湿处理可省去分拣环节（因为分拣是手工操作，会增加成本）。马格德堡这套装置年加工能力可达 7500 吨，其成本虽然比填埋方法略高，但贵重原料不致丢弃，也不会污染环境。

德国阿尔特公司研制的真空热处理法还要便宜些，不过这首先需要在废电池中分拣出镍镉电池，废电池在真空中加热，其中汞迅速蒸发，即可将其回收，然后将剩余原料磨碎，用磁体提取金属铁，再从余下粉末中提取镍和锰。瑞士有两家专门加工利用旧电池的工厂，巴特列克公司采取的方法是将旧电池磨碎，然后送往炉内加热，这时可提取挥发出的汞，温度更高时锌也蒸发，它同样是贵重金属。铁和锰熔合后成为炼钢所需的锰铁合金。该工厂一年可加工 2000 吨废电池，可获得 780 吨锰铁合金，400 吨锌合金及 3 吨汞。另一家工厂则是直接从电池中提取铁元素，并将氧化锰、氧化锌、氧化铜和氧化镍等金属混合物作为金属废料直接出售。不过，热处理的方法花费较高，瑞士还规定向每位电池购买者收取少量废电池加工专用费。

8.4.3.3　电子垃圾

使用电流、电磁场工作的设备都叫电子设备；废弃不用的电子设备都属于电子废弃物。电子废弃物主要包括电冰箱、空调、洗衣机、电视机等家用电器和计算机等通讯、电子产品等。电子废弃物俗称"电子垃圾"。

图 8-14　电子垃圾

电子废弃物种类繁多，大致可分为两类：一类是所含材料比较简单，对环境危害较轻的废旧电子产品，如电冰箱、洗衣机、空调机等家用电器以及医疗、科研电器等，这类产品的拆解和处理相对比较简单；另一类是所含材料比较复杂，对环境危害比较大的废旧电子产品，如电脑、电视机显像管内的铅，电脑元件中含有的砷、汞和其他有害物质；手机的原材料中的砷、镉、铅以及其他多种持久性和生物累积性的有毒物质等。

电子信息技术产业已经成为我国发展最快的产业之一，由此产生的电子废弃物也快速增长，未来 10～20 年将是电子废弃物增长的新高峰。据有关资料显示，今后我国每年将至少有 500 万台电视机、400 万台冰箱、500 万台洗衣机要报废，每年还会有 500 万台电脑、上千万部手机进入淘汰期。据 2002 年数据，我国就淘汰了 400 多万台电视机，500 多万台洗衣机，500 多万台冰箱，600 多万台电脑及 3000 万部手机。在美国已经有 1 亿台旧电脑被束之高阁，预计今后十年内，将有 1.5 亿台电脑被淘汰。欧洲曾对电子产品进行的一项市场销量调查表明，2002 年，各种电子产品的总消费量约为 700 万吨，电子废弃物总量约为 400 万吨，占整个欧洲废物流的 2%～3%。而《美国新闻周刊》也报道，目前世界上各地废弃的电脑软盘加在一起，每隔 20 分钟就可以形成一座 100 层高的"摩天大厦"。目前电子废弃物每 5 年增加 16%～28%，比总废物量的增长速度快 3 倍，电子废弃物正成为新的危险废物污染源。

A　电子废物的危害

一台 15 英寸的 CRT 电脑显示器就含有镉、汞、六价铬、聚氯乙烯塑料和溴化阻燃剂等有害物质，电脑的电池和开关含有铬化物和水银，电脑元器件中还含有砷、汞和其他多种有害物质；电视机、电冰箱、手机等电子产品也都含有铅、铬、汞等重金属；激光打印机和复印机中含有碳粉等。如果将废旧电子产品作为一般垃圾丢弃到荒野或垃圾堆填区域，其所含的铅等重金属就会渗透污染土壤和水质，经植物、动物及人的食物链循环，最终造成中毒事件的发生；如果对其进行焚烧，又会释放出二噁英等大量有害气体，威胁人类的身体健康。

B　电子废物的处置

电子废弃物大多部件都可以在一定程度上进行回收与利用。常见废电子器具的回收部件以及手工拆解处理方法如下：电子器具的外壳一般是铁制、塑制、钢制或铝制的，因此，可从电子废弃物中回收塑料和铁、钢、铝等金属，从而进行二次利用；废旧空调、制冷器具中的蒸发器、冷凝器含有高纯度的铝和铜，可进行大量的回收，但要注意这些空调、制冷器的制冷剂氟利昂，对大气臭氧层有极大的破坏力，所以，在拆解前一定要预先收集起来，防止氟利昂泄漏；电脑板卡的金手指上或 CPU 的管脚上为了加强导电性，一般都涂有金涂层，可由特种设备进行黄金的回收。

电子废弃物中含有很多可回收再利用的有色金属、黑色金属、玻璃等物质。严格意义上讲，这些电子废弃物，不应称其为电子垃圾，而应称作电子旧货。有研究分析结果显示，1 吨随意搜集的电子板卡中，可以分离出 129.7 公斤铜、0.454 公斤黄金、20 公斤锡，其中仅黄金的价值就是 6000 美元。可以说，电子垃圾中蕴藏着巨大财富，如果将电子垃圾中含有的金、银、铜、锡、铬、铂、钯等贵重金属提取出来，将是一笔不可估量的财富。

8.4.3.4　医疗废物

医疗废物是指城市、乡镇中各类医院、卫生防疫、病员疗养、畜禽防治、医学研究及生物制品等单位产生的废弃物，如手术、包扎残余物；生物培养、动物试验残余物；化验检查残余物；传染性废物；废水处理污泥等。医疗废物中含有大量的病菌、病毒及化学药剂，是病原微生物富集和传播的媒介，对环境和人体能造成极大的危害，是一种典型的危险废物。尽管医疗废物产量相对于普通的生活垃圾要低得多，但是医疗废物的危害却是普通生活垃圾的上万倍，乃至上百万倍。

目前，用于医疗废物的最终处理已有多种技术，

图 8-15　医疗废物标志

根据不同的处理工艺和处理方式，一般可分为灭菌消毒法、填埋法和焚烧法三种。其中焚烧处理是我国目前较为可靠、可行的医疗废物处理方法。焚烧处理可有效防止交叉感染和二次污染，灭菌消毒效果好，达到医疗废物处理的减量化、减容化和无害化目的，彻底改变医疗废物消毒灭菌不彻底的处理现状，是解决医疗废物隐患的一种根本措施。

8.4.4　大件垃圾

在许多垃圾收购站或者垃圾中转站，经常可以看到这样的场景：旧家具、旧床垫、旧电视、旧冰箱等在一片空地上堆得如同一座"小山"。在本来就寸土寸金的城市里，这些体积庞大、数量众多的大件垃圾，面临着无处安放的尴尬。

大件垃圾，主要是指体积重量较大的旧电器、旧沙发、大型包装物等。我国的城市垃圾清运量每年以4%的速度增长，城市面临越来越多需要处理的垃圾。大件垃圾由于高混合、高水分、高飞灰、低热值等特性，导致在处理过程中会不同程度地出现二次污染的问题。"目前，我们仍然是在用处理生活垃圾的方法处理大件垃圾，要么直接填埋，要么焚烧，这样既浪费土地，又会造成大气污染。"

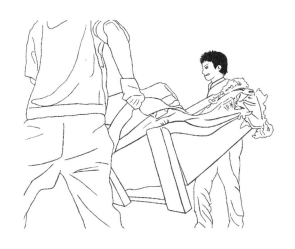

图 8-16　大件垃圾该扔到哪呢？

大件垃圾混合破碎技术及装备源于日本和德国。简单来说，它的工作原理就是运用机械力的作用将大件垃圾的体积压缩到最小，一来可以节约填埋的空间，二来可以改变以往焚烧处理的方式，减少废气的排放。当然，这只是大件垃圾处理的第一步，与之配套的还有一系列分类、中转、运输等步骤。如果采用了这种混合破碎技术，这些大件垃圾就会像变"魔术"一样，瞬间变小。这样不仅可以大大减少大件垃圾堆放、中转和运输中产生的污染，增大填埋垃圾的单位体积密度，而且可以在垃圾焚烧发电时提高燃烧热值，减少有毒气体的排放。

第9章 能源污染与环境保护

能源是人类赖以生存的基础，是发展工业、农业、国防、科学技术和提高人民生活的重要物质基础。随着大规模的工农业发展，随着能源消耗量与日俱增，能源的应用也带来了一系列的环境污染问题。因此，协调能源应用，解决环境与发展的矛盾，消除和控制能源对环境的污染和发展无污染新能源，是当前环境保护研究中的重要任务。

9.1 能源的定义及分类

能源指的是能量的来源，是能够为人类提供某种形式能量的物质（自然资源及其转化物）或物质的运动。

自然界的能源种类繁多，按形式和来源可分为以下三种：

（1）太阳能及其转化物，有直接来自太阳的辐射能——太阳能，还有间接的如各种植物、煤、石油、天然气等矿物燃料以及风能、水能、海洋热能、波浪能等。

（2）月亮、太阳等天体对地球的引力产生的能量，如潮汐能等。

（3）地球本身储存的能量，如地热能、铀的核燃料释放的核能。

能量按其利用的方式不同又可分为一次能源和二次能源。

一次能源是指从自然界取得未经改变或转变而直接利用的能源，它可分为可再生能源和不可再生能源两种。前者指能够重复产生的天然能源，如太阳能、风能、水能、生物质能等，这些能源均来自太阳，可以重复产生；后者是不可再生的，主要包括各类化石燃料、核燃料。自20世纪70年代出现能源危机以来，各国都重视非再生能源的节约，并加速对再生能源的研究与开发。

二次能源是指由一次能源经过加工直接或转换得到的能源，如石油制品、焦炭、煤气、热能等。二次能源又可以分为"过程性能源"和"合能体能源"，电能就是应用最广的过程性能源，而汽油和柴油是目前应用最广的合能体能源。

按能源对环境的污染程度又可分为两类：

（1）清洁能源，指在生产和使用过程中不产生和不排放有害物质的能源；可再生的、消耗后可得到恢复，或非再生的（如风能、水能、天然气等）及经洁净技术处理过的能源（如洁净煤油等）。

（2）不清洁能源，如煤、石油、核裂变燃料等，其对环境的污染比较大。

9.2 能源的应用发展过程

随着科学技术和社会生产力的发展，人类利用的能源在不断地更新，主要经历了以下四个阶段：

（1）草木时期。这个阶段属于较低水平上的可持续使用阶段，能量的消耗较少，对环境的危害较小，基本上在环境自净能力的范围内。据考古发掘中记载：生活于旧石器时代初期的中国猿人，就开始用火。我们的祖先为了烧烤食物，以枯枝败叶以及木材为能源。

（2）18世纪工业革命以后。蒸汽机的发明，使得煤的消耗量迅速增加；内燃机的发明和使用将石油和天然气更为广泛的应用。此阶段开始对环境造成了极大的污染。

（3）珍惜节约使用即将枯竭的能源资源阶段。石油危机的出现对世界经济产生了巨大影响，温室效应、酸雨、光化学反应等种种环境问题的恶化，使人类意识到节省能源、提高效能、寻求新的替代能源已经成为急需解决的问题。

（4）即使能源资源不会枯竭，环境容量也要求人类对自己的能源消费加以限制的阶段。人们明白了能源与环境协调发展的重要性，能自觉对能源与环境污染加以约束。

9.3 不可再生能源

不可再生资源又叫消耗性能源，主要指经过漫长的地质年代和一定的产生条件所形成的矿产资源，如各种金属和非金属矿物、矿物燃料等，一经开采利用，蕴藏量即不断减少。不可再生能源主要是化石能源，目前在全世界能源消费中占据主导地位，2008年约占全球一次能源消费的88%。常用的化石能源为煤炭、石油、天然气、油页岩和核燃料铀、钍等。它在未来相当长的时间里仍然会是主要的能源，但是人类不断的大量开采，这类资源已经逐渐减少，有的濒临枯竭。因此，对于不可再生资源的开发利用要有长远、合理的计划，更不能任意破坏和浪费。

9.3.1 煤

煤炭被人们誉为黑色的"金了"，工业的"食粮"，它是18世纪以来人类世界使用的主要能源之一。长期以来，我国的能源构成主要是煤炭，其特点是其中高硫、高灰煤的比重较大，大部分原煤的灰分含量在25%左右，属于中灰煤。1949~2005年，中国的煤炭产量以年均7.8%的速度增长，累计煤炭产量为382亿吨。2004年煤炭产量达到19.9亿吨。在1995~2004年间煤炭的消费量约占能源消费总量的70%左右，其中大部分用于燃烧。煤炭燃烧引起的环境污染问题日益突出。

图 9-1　煤炭

9.3.1.1　煤的形成及其主要成分

煤炭是千百万年来大量植物的枝叶和根茎残骸在地面上堆积而成的一层极厚的黑色的腐殖质，由于地壳的变动被埋入地下，长期与空气隔绝，并在高温高压下，经过一系列复杂的物理化学变化等因素，形成的黑色可燃沉积岩，这就是煤炭的形成过程。高等植物的残骸在沼泽中经过生物化学作用，形成泥炭，低等植物和浮游生物的残骸在缺氧的条件下，经过厌氧分解、聚合和缩合作用形成腐泥。泥炭或腐泥不断被上面的沉积物所覆盖，埋藏到一定深度后，在压力和温度的作用下，逐渐形成腐殖煤，如褐煤、烟煤和无烟煤。

煤是由有机物和无机物所组成，它的主要成分是碳、氢、氧、氮、硫等元素，总量占95%以上，其余为少量的磷、氟、氯和砷等元素和挥发物、硫分、水分等。煤化程度越深，碳的含量越高，氢和氧的含量越低。因为在对煤中的有机化合物进行分析时有机物会发生分解，所以一般进行煤的元素分析。煤的元素分析可根据标准《煤炭的分析方法》（GB/T 476—2001）所规定的方法进行。煤中的有机质在一定温度和条件下，受热分解后产生的可燃性气体，被称为"挥发分"，它是由各种碳氢化合物、氢气、一氧化碳等化合物组成的混合气体。挥发分也是主要的煤质指标，在确定煤炭的加工利用途径和工艺条件时，挥发分有重要的参考作用。

9.3.1.2　煤的分类

由于煤炭的成因不同，煤炭的化学成分和品质各有差异。煤炭的用途又十分广泛，用于各个行业，因此，必须对煤炭做一个科学的分类。根据使用的要求不同，我国煤炭分类由技术分类（GB 5751—2009）、商业编码（GB/T 16772—1997）和煤层煤分类（GB/T 17607—1998）三个国家标准组成。

在我国煤炭一般分为三类：褐煤、烟煤和无烟煤。

褐煤一种介于泥炭与沥青煤之间的棕黑色的低级煤。多为块状，呈黑褐色，光泽暗，质地疏松，含挥发分40%左右，燃点低，容易着火，燃烧时上火快，火焰大，冒黑烟，二氧化碳排放量大，是导致全球温室效应的重要因素之一。褐煤含碳量与发热量较低（因产地煤级不同，发热量差异很大），燃烧时间短，需经常加煤。褐煤具有低硫、低磷、高挥发分、高灰熔点的"两高两低"显著特点，是火力发电厂、沸腾炉理想的燃料。

烟煤是由褐煤经变质作用转变而成的煤种。煤化程度高于褐煤而低于无烟煤。一般为粒状、小块状，也有粉状的，多呈黑色而有光泽，质地细致，挥发分一般在10%~40%，燃点不太高，较易点燃；含碳量为75%~90%，不含游离的腐殖酸；大多数具有黏结性，发热量较高，热值为 $(2.71~3.72) \times 10^7 J/kg$，燃烧时上火快，火焰长，有大量黑烟，燃烧时间较长；大多数烟煤有黏性，燃烧时易结渣。密度约 $1.2~1.5 g/cm^3$，相对密度 $1.25~1.35$；挥发分含量中等的称作中烟煤；较低的称作次烟煤。烟煤储量丰富，用途广泛，可作为炼焦、动力、气化用煤。烟煤燃烧多烟容易造成空气污染。

无烟煤俗称红煤或白煤，是煤化程度最高的煤。有粉状和小块状两种，呈黑色有金属光泽且发亮。杂质少，质地紧密，固定碳含量高，可达80%以上；挥发分含量低，在10%以下，燃点高，不易着火；无胶质层厚度；发热量高，热值约 $(3.34~3.55) \times 10^7 J/kg$，刚燃烧时上火慢，火上来后比较大，火力强，火焰短，冒烟少，燃烧时间长，黏结性弱，燃烧时不易结渣。应掺入适量煤土烧用，以减轻火力强度。有时把挥发物含量特大的称作半无烟煤；特小的称作高无烟煤。无烟煤通常作民用和动力燃料；质量好的无烟煤可作气化原料、高炉喷吹和烧结铁矿石的燃料以及作铸造燃料等；用优质无烟煤还可以制造碳化硅、碳粒砂、人造刚玉、人造石墨、电极、电石和炭素材料。

9.3.1.3 煤炭应用产生的危害

煤炭污染的表现为：

（1）煤炭开采过程中有废气排放，我国大部分煤田的甲烷含量较高，在开采的过程中释放进入大气，甲烷所造成的温室效应是二氧化碳的20~60倍，同时甲烷消耗臭氧，使臭氧层破坏。

（2）煤炭开采导致土地资源破坏及生态环境的恶化，煤的露天开采造成地表和植被破坏、岩石裸露、引起水土流失、河流淤塞、泥石流等灾害；开采沉陷造成中国东部平原矿区土地大面积积水受淹或盐渍化，使西部矿区水土流失和土地荒漠化加剧。

（3）煤炭的地下开采引起塌陷，破坏地下水资源，塌陷处若用碎石、沙等回填，代价十分昂贵。地下水的流失，渗漏出的矿井水净化利用率低，加剧缺水地区的供水紧张，而且采煤也是一种风险大、危险而有损健康的职业。

（4）煤炭燃烧排放出的烟气、粉尘、二氧化硫以及再由这些污染物发生化学反应而生产的硫酸及其盐类，构成气溶胶等二次污染，这些污染物会引起雾化现象、酸雨、温室效应等等。

（5）洁净煤市场需求的增加导致原煤入洗率连年提高，洗煤厂排出的废水含有硫、酚等有害物质，污染土壤植被及河流水系。

图 9-2　非法开采煤矿

9.3.1.4　燃煤引发的事故案例

1952 年伦敦烟雾事件就是因煤炭燃烧而造成的一次严重大气污染现象。当时伦敦冬季多使用燃煤采暖，市区内还分布有许多以煤为主要能源的火力发电站。由于逆温层的作用，煤炭燃烧产生的二氧化碳、一氧化碳、二氧化硫、粉尘等气体与污染物在城市上空蓄积，引发了大雾天气。许多人感到呼吸困难、眼睛刺痛，造成哮喘、咳嗽等呼吸道症状的病人明显增多，进而死亡率陡增。据史料

图 9-3　伦敦烟雾事件

记载仅4天时间，伦敦市死亡人数达4000人。在毒物事件发生的一周中，48岁以上人群死亡率为平时的3倍；1岁以下人群的死亡率为平时的2倍，此外肺炎、肺癌、流行性感冒等呼吸系统疾病的发病率也有显著性增加。而此后数年里，伦敦也多次发生此类事故。

为了使矿区环境保护与治理步入法制化轨道，国家相继出台和修订了与煤炭矿区环境保护直接相关的法律法规共13项。“九五”期间环境投资资金约28.6亿元，对采煤塌陷土地进行复垦；在矿区内进行绿色生态工程建设，营造防护林，恢复植被，保持水土；为了改善大气环境，减少污染物的排放，各国都研制和推广了清洁煤技术，分别对燃烧前的处理技术、燃烧过程的处理技术、燃烧产物的处理技术以及转换技术进行了改革。节约能源、提高能量效率的同时也保证了向大气排放污染物的减少。

9.3.2 石油

9.3.2.1 石油的概况

石油是一种液态的矿物资源，它的可燃性好，单位热值比煤高一倍，因此它被主要用作燃料来使用，被称为现代工业的“血液”。石油的主要成分是各种烷

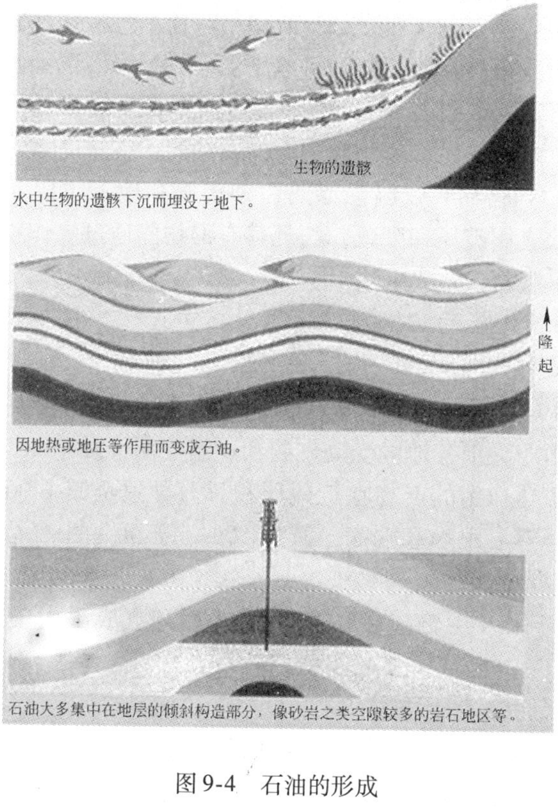

图9-4 石油的形成

烃、环烷烃、芳香烃的混合物，是地球在漫长的历史过程中不断演化，将大量动植物身体的有机物质不断分解而最终形成的。

20 世纪以来，世界上能源构成发生了重大变革，石油在燃料中的比重逐渐增加。1913 年石油只占世界总能量的 5.2%，到 1968 年已上升到 43.9%。仅在 60 年代，石油年产量即从 10 亿吨上升为 21 亿吨。以美国为例，1947 年石油和天然气占能量总消费量的 48%，到 1970 年石油和天然气所占比重已达 76%。

就中国而言，自 20 世纪 70 年代末改革开放以来，中国经济得到了快速发展，特别是从 90 年代以来，这一发展尤其迅猛。与此同时，中国对能源的需求也在快速增长。1993 年，中国由一个石油净出口国转变为一个石油净进口国，改变了新中国自成立以来能源自给的历史；2003 年，中国的石油消费超过日本，成为全球仅次于美国的第二大石油消费国。对石油依赖程度的不断加深，使得我国面临着日趋严重的环境污染。

9.3.2.2　石油对环境的污染

（1）油气污染大气环境，表现为油气挥发物与其他有害气体被太阳紫外线照射后，发生物理化学反应，生成光化学烟雾，产生致癌物和温室效应，破坏臭氧层等。石油燃烧产生二氧化硫等物质，二氧化硫在大气中遇水蒸气很容易形成硫酸雾，对眼结膜和呼吸道有强烈的刺激作用。在一些特殊气象条件（无风、逆温）下，有可能引发急性中毒，加速一些老弱慢性病患者的死亡。大气中二氧化硫还能随雨雪降落成为酸雨雪，它能使土壤、河流酸化，破坏农作物和森林，影响鱼类的生长和繁殖，并能加速物质表面的腐蚀。

（2）地下油罐和输油管线腐蚀渗漏污染土壤和地下水源，不仅造成土壤盐碱化、毒化，导致土壤破坏和废毁，而且其有毒物能通过农作物尤其是地下水进入食物链系统，最终直接危害人类。

9.3.2.3　石油污染的案例

A　多诺拉事件

事件发生在 1948 年 10 月美国宾夕法尼亚州多诺拉镇，该镇地处河谷，10 月的最后一个星期由于大部分地区受反气旋和逆温控制，加上 26～30 日持续有雾，使二氧化硫及其氧化作用的产物在近地层积累。导致全镇 14000 人中有 5911 多人出现咳嗽、嗓子疼、眼病和喘病，其中 10% 有严重的中毒症状，四天内死亡了 17 人。

而在石油的开采及运输过程中发生的泄漏，也成了污染海洋环境的一大凶手。

B　石油泄漏污染数十亩农田

2005 年，在延长油矿管理局七里村油矿，因为一场大雨使得该处选油点部分油罐残存的石油混杂着雨水流入延长县郭旗乡王仓村的田间，造成数十亩土地受到污染，相当数量的农作物死亡，被污染的土地至少一两年之内不能耕种任何作物。据当地村民反映，由于选油点的排污设施不力，每逢下雨，仍有少量漏油随雨水流至田间。目前油矿已采取修复反水管道，将受污染土地挖出，填补新土等措施。

图 9-5　被石油污染的海鸟

C　石油污染引发的海上灾难

1999 年 12 月 12 日，载重 2 万吨的"埃里卡号"油船在布列斯特港以南的海域沉没，大量石油泄漏，导致附近海域及沿海一带严重污染。油船泄漏事故恰好发生在海鸥、海鸽、鸬鹚、鹭等海鸟向受污染海域迁徙的季节，因此超过 30 万的海鸟因污染而死亡。仅在法国的菲尔斯泰尔省和拉罗谢尔地区，就有 2.3 万只海鸟的尸体。另外还有 1.2 万只受污染但尚未死去的海鸟，尽管这些海鸟被送到了鸟类治疗中心接受治疗，但仍有 1/3 的海鸟随后死去。

而此类事件则多次在历史上发生。如 2002 年 11 月，利比里亚籍油轮"威

图 9-6　工作人员给被污染的海鸟进行清洗

望"号在西班牙西北部海域解体沉没，至少6.3万吨重油泄漏。法国、西班牙及葡萄牙共计数千公里海岸受污染，数万只海鸟死亡。2010年4月，位于美国南部墨西哥湾的"深水地平线"钻井平台发生爆炸，事故造成的原油泄漏形成了一条长达100多公里的污染带，造成严重污染。再如2010年7月，在"宇宙宝石"油轮已暂停卸油作业的情况下，辉盛达公司和祥诚公司继续向输油管道中注入含有强氧化剂的原油脱硫剂，造成输油管道内发生化学爆炸，大火顷刻而发，迅速殃及大连保税区油库，一个10万立方米油罐爆裂起火。导致1500吨原油泄漏，曾经碧波荡漾的大连湾油污遍布。本应该是湛蓝深邃的大海，却不时被油污打破洁净。一次又一次的油轮泄漏事故，让大海的涛声里充满了叹息和无奈。

图 9-7　石油泄漏

　　石油及其产品在开采、炼制、储运和使用过程中进入海洋环境，往往造成很严重的污染。除了油轮的泄漏事故之外，炼油厂含油废水经河流或直接注入海洋；海底油田在开采过程中的溢漏及井喷；大气中的低分子石油烃沉降到海洋水域；海洋底层局部自然泄油等都可能造成污染。

9.3.2.4　石油污染的防治对策

　　A　土壤中的石油污染治理

　　生物修复是利用生物的生命代谢活动减少土壤环境中有毒有害物的浓度，使污染土壤恢复到健康状态的过程。目前，治理石油烃类污染土壤的生物修复技术主要有两类：一类是微生物修复技术，按修复的地点又可分为原位生物修复和异位生物修复；另一类是植物修复法。

　　B　水体中的石油污染治理

　　因为水体具有流动性且水体石油污染一般面积较大，在以前，人们常用的方法是直接在水体中进行燃烧清理被石油污染的水面；现在，通常是先控制污染水体再对污染水体进行处理。针对海洋、湖泊等地表水的石油污染主要是先用石油扩散剂将乳化石油分解成石油和水，再将其抽取出来的污水采用生物改造技术处理。地下水的治理是通过抽水井或注水井控制流场，再将其抽取出来进行处理。

图9-8 燃烧海上的石油泄漏

C 大气中的石油污染治理

石油对大气产生的污染治理起来十分困难，局限于采用原料的脱硫、控制油气排放等措施。

9.3.3 天然气

天然气是世界上继煤和石油之后的第三能源，它与石油、煤炭、水力和核能构成了世界能源的五大支柱。

我国是世界上最早发现和利用天然气的国家之一。早在 2000 年前的汉代，人们便开始了开凿天然气气井，并将其称为"火井"。四川邛崃的天然气井是世界上第一口井。1667 年，英国开始利用天然气，比我国晚了 1000 多年。

9.3.3.1 天然气的概念

从广义来说，天然气指存在于自然界中的一切气体，包括大气圈、水圈、生物圈和岩石圈中各种自然过程形成的气体。而人们通常讲的"天然气"是从能量角度来说的，是指天然蕴藏于地层中的烃类和非烃类气体的混合物，主要存在于油田气、气田气、煤层气、泥火山气和生物生成气中。中国具有较丰富的天然气资源，天然气的开发也有较大的成绩。2007 年，从资源来看 69 个大盆地可采储量为 38 万亿立方米，陆上约为 75%，主要分布于中部地区、四川盆地、鄂尔多斯盆地、西部地区柴达木盆地、塔里木盆地及东北松辽、华北渤海湾盆地及陕甘宁地区。近海大陆架约占 25%，主要分布于南海和东海海域。到"十一五"期间，我国新增探明天然气地质储量 1.9 万亿立方米。天然气年产量从 2004 年400 亿立方米快速增长到 2010 年的 946 亿立方米，鄂尔多斯盆地苏里格示范区新

增探明天然气储量 2.25 万亿立方米，还有四川川中、新疆克拉美丽、南海流花等探明 7 个千亿立方级大气田。产量实现翻番，使我国在世界产气国的排名由第十三位晋升到前十位。

表 9-1   2005～2007 年中国陆上主要盆地天然气产量

盆　地	天然气产量/亿立方米		
	2005	2006	2007
四　川	143	156	172
塔里木	62	119	164
鄂尔多斯	79	91	152
松　辽	29	29	30
准噶尔	29	29	29
柴达木	21	24	34
吐　哈	15	16	17

9.3.3.2   天然气的成因

天然气沉积层是通过与石油同样的形式生成的，通常两者同时被发现。当石油被抽到地面上的时候，天然气通常随着石油一起被开采出来。天然气与石油生成过程既有联系又有区别：石油主要形成于深成作用阶段，由催化裂解作用引起，而天然气的形成则贯穿于成岩、深成、后成直至变质作用的始终。与石油的生成相比，无论是原始物质还是生成环境，天然气的生成都更广泛、更迅速、更容易。当非化石的有机物质经过厌氧腐烂时，会产生富含甲烷的气体，这种气体就被称作生物气（沼气）。腐泥型有机质则既生油又生气，腐殖型有机质主要生成气态烃。

9.3.3.3   天然气的组分和种类

天然气是一种多组分的混合气体，主要成分是烷烃、硫化氢、二氧化碳、氮和水汽以及微量的惰性气体。与煤炭、石油等能源相比，天然气是一种清洁优质能源，每分子天然气可以提供更多的能量，而它在燃烧过程中所产生的影响人类呼吸系统健康的物质极少，产生的二氧化碳仅为煤的 40% 左右，产生的二氧化硫也很少，燃烧后无废渣、废水产生，具有使用安全、热值高、洁净等优势。

天然气的成因是多种多样的，大致分为：生物成因气多为油型气和煤型气。生物成因气是在成岩作用早期浅层生物化学作用带内，沉积有机质经微生物的群体发酵和合成作用形成的天然气。含有大量甲烷气体，含量可高达 98% 以上，含烃量很少。油型气包括湿气、凝析气和裂解气，它们是沉积有机质特别是腐泥型有机质在热降解成油过程中，与石油一起形成的，或者是在后成作用阶段由有机质和早期形成的液态石油热裂解形成的。煤型气是指煤系有机质热演化生成的天然气，它是一种多成分的混合气体，其中烃类气体以甲烷为主，重烃气含量少，一般为干气，但也可能有湿气，甚至凝析气。无机成因气又称非生物成因气，它是由地球深部岩浆活动、变质岩和宇宙空间分布的可燃气体以及岩石无机盐类分解产生的气体，它属于干气，以甲烷为主，有时含 CO_2、N_2、He 及 H_2S、Hg 蒸气等，甚至以它们的某一种为主，形成具有工业意义的非烃气藏。

按来源不同，天然气又可分为气井气、石油伴生气和矿井气。气井气是埋藏在地下深处的气态燃料，其主要成分是甲烷，可达到 95% 左右，还含有少量的二氧化碳、硫化氢、氮和氩、氖等气体；石油伴生气是石油开采过程中析出的气体，主要成分也是甲烷，体积分数为 80% 左右，另外还含有其他烷烃类 15%，所以热值较高，在大港地区、大庆等地多半是用此类天然气；矿井气是从煤矿矿井中抽出的燃气，主要组分为甲烷，抽气方式不同，甲烷含量也不同，一般含氮量较高，热值低。

9.3.3.4 天然气的应用及危害

天然气不仅是优良的民用和工业用燃料，还是制取乙炔、合成氨、炭黑等化工产品的原料。它作为城镇燃气具有其他燃料无法比拟的优点：

（1）它无"三废"污染，是"清洁"气体燃料，它的二氧化硫和粉尘排放量为零，也能大量减少二氧化碳排放量和氮氧化合物排放量，有助于减少酸雨形成，舒缓地球温室效应。

（2）它的安全性能较高，它不含一氧化碳，对人体无直接毒害，且易散发，密度小于空气，不宜积聚成爆炸性气体。

（3）它的热值高，燃烧性能好，投资较省，物美价廉。

尽管如此，天然气仍为无色无味、易燃易爆气体，其点火能仅为 29.01×10^{-5} 焦，爆炸浓度范围的体积分数为 5.0% ～ 15.0%，在静电、明火、雷击、电气、火花等微弱火源的诱发下均会引起火灾甚至爆炸。虽然天然气比空气轻而容易发散，但密闭环境中聚集的天然气达到一定的比例时，就会触发威力巨大的爆炸。爆炸可能会夷平整座房屋，甚至殃及邻近的建筑。随着城市燃气事业的迅速发展，燃气着火、爆炸、中毒等恶性事故时有发生，且呈上升趋势。

9.3.3.5 天然气引发的事故

1949 年，美国东俄亥俄州液化天然气设施发生爆炸，爆炸范围波及了克里夫兰市将近一平方英里的地区。死亡人数达到 130 人，经济损失 8.9 亿美元。

2009 年，美国俄亥俄州哥伦布市一家油气回收公司发生气体泄漏事故，造成现场附近大约 4000 人被迫撤离。事发后现场上空云雾笼罩，所泄漏气体为氢气和硫化氢混合物。由于氢气易燃，当局下令紧急疏散附近区域内所有约 4000 名人员。其中 2 人因呼吸问题在现场接受了治疗。

2011 年，中国吉林发生天然气爆炸事故。因吉林石化矿区食堂的天然气泄

漏导致爆炸造成了 3 人死亡，28 人受伤，周围大片居民区受到波及。

图 9-9　天然气爆炸燃烧

因此对天然气火灾和爆炸的预防是重中之重。措施主要有两个方面：一是保障安全供气，另一方面是安全防火。主要措施有：对天然气系统的设备和管道采取防静电接地措施；设置吹扫装置，杜绝与空气直接接触导致事故隐患；在天然气进入管网前进行加臭处理，以保证天然气一旦泄漏会被及时发现；在使用发生炉、水煤气炉、油制气炉生产燃气时，其含氧量必须符合《工业企业煤气安全规程》的规定。

9.4　核能

核能又名原子能，是原子核内部发生裂变、聚变或衰变时释放出来的能量。1896 年，法国物理学家贝克勒尔无意中发现了一种含铀的矿物会自发放出一种看不见的穿透能力很强的射线，而后居里夫人证明放射性元素的存在并把它们分离了出来，人们开始了对放射性物质的研究与应用。1938 年人类第一次发现重核裂变现象，1942 年美国为了制造原子弹进行了第一个实验反应堆，1954 年苏联建造了世界第一座试验性核电站，此后核电开始高速发展。

9.4.1　核能的定义

学过化学的人都知道，自然界所有的物质都是由分子构成，分子又由原子构成。而原子的内部还有一定的复杂结构，即使旧的结构被破坏了，也会形成新结构新的原子。原子并不是一个质量均匀的小球，而是由一个中心密实的核与外部电子构成，这个核就是原子核。原子核里还有更小的粒子，即带正电荷的质子和不带电荷的中子。因为原子核里的质子数与原子核外的电子数相等，正负电量相抵，原子不带电性。那么原子能又来自哪里呢？原子核要将粒子结合在一起需要一定的能量，这个能量有原子核内粒子的能量、粒子之间电磁相互作用而产生的电热能、强大的磁力产生的引力势能。当原子核经过变化后，形成新的结合能时会放出原子核内的能量，这就是原子能。

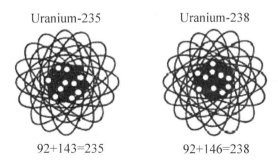

图 9-10　铀原子结构示意图

但是，人们常说的原子能或核能是核裂变的能量。从科学家贝克勒尔发现，铀元素的原子核经过 14 次的放射发生核反应，铀元素的原子变成了铅元素的原子，到英国物理学家卢瑟福用高速的氦原子核轰击氮原子核，得到氧和氢原子。人们终于懂得了用中子去轰击铀原子，发生裂变反应分裂成两个新的原子，同时放出巨大的能量。

9.4.2　核反应堆的类型

人们利用核反应堆中核裂变所释放的能量进行发电，建立了核电站。它与一般火力发电不同，它是以反应堆代替锅炉，以原子核裂变释放的能量来加热蒸汽，推动汽轮发电机发电的。它的主要设备包括核动力反应堆、蒸汽发生器、稳压器、水泵、汽轮机和发电机等动力设备以及安全壳和防护等设备组成。核反应堆是以铀-235、钚-239 等重元素做燃料实现可控的核裂变链式反应的。

截止至今，衍进出四种核反应堆类型，分别为：

第一代：20 世纪 50 年代使用的是石墨气冷反应堆。切尔诺贝利的核电站就属于第一代的核反应堆。此时的反应堆是使用天然铀作燃料，石墨或重水作慢化剂。因为受到技术限制，投资费用高，提高安全性困难，所以第一代反应堆的功率通常较低。

第二代：20 世纪 70 年代到 2000 年投入运行的商业反应堆，包括有沸水反应堆、重水反应堆和压水反应堆。因为它的价格低廉，废物排放大大低于允许限值，安全性能较高。目前，世界上大多数国家使用的是第二代核反应堆。

第三代：自从 1979 年美国三里岛核事故，使得人们希望能进一步提升核反应堆的安全性。从 1992 年起，欧洲开始研究和设计压水堆反应堆，它的安全性大幅提高、造价降低、长寿命废物量降低、竞争力提高。

第四代：即将在威海石岛建造的核电站，属于第四代高温气冷反应堆。第四代反应堆是更高的技术，无论从反应堆还是从燃料循环方面都将有重大的改革和突破。

9.4.3　核能在世界范围的使用概况

在全世界范围内，核电由于资源消耗少、环境影响小和供应能力强等特点被公众了解和接受。截至 2006 年年初，全世界共有 30 多个国家 443 台核电机组在运行，装机容量达到 3.7 亿千瓦。法国则是目前世界上核电比例最高的国家。1991 年，我国第一座核电站——秦山核电站也开始运行。到 2006 年年底，我国大陆有装机容量 788 万千瓦的 10 台核电站在运行，发电量占全国发电总量的 2.2%。为了和平利用核能，在 1954 年 12 月，第九届联合国大会通过决议，要求成立一个专门致力于核能的国际机构。1957 年 10 月，国际原子能机构召开首次全体会议，宣布国际原子能机构（International Atomic Energy Agency）正式成立。

图 9-11　辐射标志

图 9-12　国际原子能机构标志

9.4.4　目前核能使用中存在的问题

利用核能发电具有燃料能量高、对环境污染小且资源非常丰富的优点。但是核电技术本身却存在一定的问题：

（1）前期的投资大，核电的电价虽然可以接受，但比起火电、水电，建设核电站的周期长，投资要大。

（2）核电站会产生高放射性废料，虽然所占的体积不大，但因具有放射线，而没有彻底的解决办法。

（3）核能发电站热效率较低，因而会排放较多的热到环境里，核电站的热污染较严重。

（4）反应堆的事故无法完全避免，操作不当或意外事故常常会引起核辐射及核燃料泄漏，对外界环境及人类安全造成一定的危害。

由于绿色环保能源的紧迫需求，核废料的后处理和再利用已成为科研人员亟

图 9-13 放射性废物

待攻克的课题。其中在压力堆存核废料的过程中，核废料的后处理可分为四个环节：运输、中间储存、后处理、强放射性废物的最终处置。如何对用过的核燃料进行后处理，使环境更安全，经济更实惠呢？压水反应堆核电站使用的都是低浓度的铀，这种铀燃料中铀-235 的含量只有 3.2%，其余的几乎都是铀-238，因而核电站核燃料的利用率并不高。可以回收没有烧尽的铀，以合理地充分利用铀资源。钚无矿石资源，是从铀裂变中产生的，因而可以回收大量的钚。核燃料中可以提取镎、镅、锔等超铀元素，而它们在国民经济中又是有用的元素，还可以从核燃料里回收没有放射性的稀有气体氙和贵重金属铑和钯等补充天然资源的不足。以上措施由于提取了钚和镎等长寿命的放射性元素，用过的核燃料的残余废物的放射性大大降低了，因此，也降低了安全储存这些废物的技术难度。

9.4.5 核能使用引发的事故

9.4.5.1 切尔诺贝利事故

1986 年 4 月 26 日，苏联时期在乌克兰修建的，被认为是当时世界上最安全、最可靠的核电站——切尔诺贝利核电站突然失火，引起爆炸。4 号发电机组及核反应堆全部炸毁，大量放射性物质外泄，尘埃随风飘散，致使俄罗斯、白俄罗斯和乌克兰甚至欧洲的许多地区都遭受辐射污染。据估算，泄漏的放射性污染相当于日本广岛原子弹爆炸的放射污染的 100 倍。事故导致 31 人当场死亡，上万人因受影响而致命或重病，至今仍有因放射性影响而导致出生的胎儿畸形，经济损失达到 180 亿卢布。苏联政府投入了无数人力物力，在事故发生后的几个月才将反应堆的大火扑灭，为了将炸毁后的四号反应堆封闭起来，修建了钢筋混凝土的石棺，而后由于石棺的建造仓促在 20 世纪 90 年代初又再次泄漏。切尔诺贝利附近的普里皮亚特镇成为了一座死城，至今为止都不适合人类居住。

图 9-14　切尔诺贝利事故现场照片

图 9-15　4 号机组外的石棺正在进行加固

9.4.5.2　三里岛事故

1979 年 3 月，美国宾夕法尼亚州的三里岛核电站 2 号反应堆压力和温度突然骤升，2 小时后放射性物质大量溢出，6 天后温度才开始下降，虽然避免了氢爆炸，但反应堆最终瘫痪。这次事故中，因为反应堆同时有几道安全屏障，所以并无伤亡现象，只有现场 3 人受到了略高于半年的容许剂量的照射。但之后仍有约 20 万人撤出这一地区。

9.4.5.3　日本福岛核事故

2011 年 3 月 11 日下午，日本东部海域发生 9.0 级大地震并引发海啸。随后福岛第一核电站电力系统瘫痪，进入核安全紧急状态。3 月 12 日到 3 月 15 日，4 个机组连续发生氢气爆炸引发核泄漏，厂区内辐射浓度快速上升。之后核电站 3 号、4 号机组再度爆炸起火，首相菅直人发表告国民书，宣布核泄漏风险上升，要求撤离核电站周围 20 公里内的居民，消息一经传出，迅速导致人们的恐慌情绪，并波及全球，而后，随着事态的严重，疏散范围不断扩大。

9.5 绿色能源（无污染能源）

石油、天然气、煤都来源于生物物质，它们是在过去几亿年的地质历史时期中累计并埋藏在沉积岩下面的，因此它的数量有限，人们终有一天会把这些燃料全部用光的。从可持续发展来看，我们应寻求可连续再生的、无污染的替代能源，以保障能源安全。这些新能源包括太阳能、风能、海洋能等。

绿色能源也称清洁能源，是在可持续发展背景下提出的新理念，主要体现为与生态环境友好相容的能源与能源利用。它可分为狭义和广义两种概念，狭义的绿色能源是指可再生能源；广义的绿色能源指包括在能源的生产及其消费过程中，选用对生态环境低污染或无污染的能源。简单来说，只有自然模式下的能源机制才是绿色的。即，自然是绿色的，自然之外，都是人色的，而非绿色的。

近年来，国外下大力气研究和开发各种"绿色能源"的新技术与新系统。日本新能源综合开发机构（NEDO）新日光计划中，开展了新的能量释放方式的研究，以达到同时解决能源和环境问题。欧共体推出的未来能源计划的重点是促进欧洲能源利用新技术的开发，减少石油的依赖和煤炭造成的环境污染，增加生物质能源和其他可再生能源的利用。而中国绿色能源资源丰富，开发利用潜力很大。据测算，在今后 20～30 年内，具备开发利用条件的可再生能源预计每年可达 8 亿吨标准煤。根据美国皮尤慈善信托基金（Pew Charitable Trusts）日前公布的调查数据显示，中国去年在绿色能源领域的投入达到 346 亿美元，位居世界第一，是排第二名美国投资额的 2 倍之多。

9.5.1 太阳能

在我们生活的地球上，人们无时无刻不在享受太阳所给予我们的温暖，太阳能是一种巨大、对环境无污染的清洁能源。或许有一天，太阳会成为我们人类所需能量的主要来源。与其他能源不同的是，这需要大量投资来寻找把太阳能转化成易于利用、储存和运输的电能的技术。目前，我们所利用的太阳能还不到世界总能量的 1%。

太阳能又叫太阳辐射能，是在太阳内部不断的核聚变反应过程中产生的能量，并以电磁波的形式向宇宙空间放射。太阳辐射到地球大气层的能量仅为其总辐射能量的 22 亿分之一，而地球每秒获得的太阳能相当于燃烧 500 万吨优质煤发出的能量。

9.5.1.1 太阳能利用的发展与趋势

太阳能的利用，由于各种因素的限制和影响，长期以来发展不快，没有大规模的应用。但人类对太阳能的认识和利用却是由来已久。《周礼·秋官》中就有记载："司烜氏掌以夫燧取明火于日"。我国劳动人民在周代就已经开始利用聚

图 9-16　太阳光

焦阳光取火，这是有记载的人类最早利用太阳能的一种方法。近代太阳能利用历史可以从 1615 年法国工程师所罗门·德·考克斯在世界上发明第一台太阳能驱动的发动机算起。该发明是一台利用太阳能加热空气使其膨胀做功而抽水的机器。但长久以来，人类对太阳能的利用，只限于小型的和供研究的太阳能装置。因此在 20 世纪 70 年代以前基本没有受到重视和发展。之后，随着工业和科学技术的发展，以及发展中国家工业化的进程，人类对能源的需要越来越大，这就促使新能源的开发应用。如 90 年代初以来，日本在太阳能光伏发电方面取得了巨大的成功，成为世界光伏发电的先导。1999 年德国新可再生能源法实施之后，大大推动了太阳能产业的发展。2004 年德国新装置了 10 万台新的太阳能设备并首次超过日本，居世界第一位。1973 年美国制定了政府级阳光发电计划；1980 年又正式将光伏发电列入公共电力规划，累计投资达 8 亿多美元；1994 年度的财政预算中，光伏发电的预算超过 7800 万美元，比 1993 年增加了 23.4%。1997 年美国宣布"百万屋顶光伏计划"，到 2010 年将安装 1000～3000 兆瓦太阳电池。可能将来太阳能有更广泛的应用。

9.5.1.2　太阳能的利用

按太阳能的直接转换和利用方式，可将其分为三种方式：太阳能直接转换成热能，称为光-热转换；太阳能直接转换成电能，称为光-电转换；太阳能直接转换成化学能，成为光-化学转换。光-热转换是太阳能热利用的基本方式，它是利用太阳能将水加热储于水箱中，以便利用的方式，这种热能可以广泛应用于采暖、制冷、干燥、温室、烹饪以及工农业生产等各个领域；光-电转换即利用光生伏打效应原理制成太阳能电池，可将太阳的光能直接转换成为电能加以利用，虽可将能量储存，但是价格昂贵；光-化学转换包括半导体电极产生电而再用电解水产生氢，利用氢氧化钙或金属氢化物热分解储能等形式将能量储存起来。

太阳能利用技术主要分光热应用和光伏应用。光热应用技术包括太阳能热水系统、太阳能采暖（制冷）系统、太阳能热发电技术等，其对应的应用是：太阳能热水器、太阳房和太阳温室、太阳能干燥、太阳灶、太阳能热发电。光伏应用技术包括太阳能离网发电系统和并网发电系统等。

图 9-17　美国加州南部太阳能电热厂

太阳能的另一重要用途是水污染治理，由聚光器提供的极高光子通量对水进行光催化消毒，使有毒化学物质分解成二氧化碳、水和易于中和的酸。

表 9-2　太阳能优缺点比较

优　点	缺　点
太阳光普遍存在，无需运输，可直接开发和利用	分散性大，密度低，利用效率低
能量巨大，资源丰富	能量不稳定，影响因素多
可再生，取之不尽用之不竭	储存代价高
清洁能源，对环境无污染	成本高

随着太阳能应用的发展，越来越多的便利出现在我们的日常生活中。

Wysips 展示太阳能贴膜充电器在室内光或阳光下使用时，6 小时充满

图 9-18　太阳能贴膜充电器

iPhone，这个小小的配件将可能使我们摆脱沉重的充电器。

太阳能自行车、太阳能汽车能使我们轻松出行。在 2010 年上海世博会上，日本馆展示了太阳能汽车，并展示了公路太阳能发电以及汽车在行驶过程中就可以同时进行充电的过程。

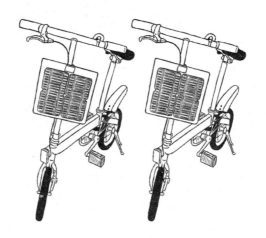

图 9-19　太阳能自行车

9.5.2　风能

风是地球上的一种自然现象，人人都能感觉到它的存在。春风和煦，给万物带来生机；夏风吹拂，使人心旷神怡；秋风送爽，带来丰收的喜悦；冬风呼啸，迎来漫天飞雪。那么风是怎样形成的呢？它是由太阳辐射引起的。太阳辐射到地球表面，地球表面各处受热不同，产生温差，从而引起大气的对流运动而形成风。

而风能就是空气流动所形成的动能。大家都知道，骑自行车顺风比逆风轻快；江河里的木船常常拉起风帆行驶；小孩玩的纸风车，会迎风飞转……风可以

图 9-20　龙卷风

推动帆船行驶，风车转动，说明它有能量。

利用风作为一种能源并不是一种新的发明。实际上，它和水能、牲畜都是最古老的能源之一。人类利用风能已有几千年的历史，人们利用它来为磨坊和抽水机提供动力。我国是世界上最早利用风能的国家之一，早在 2000 多年前，利用风力驱动的帆船已经在水面航行。到了宋代更是中国应用风车的全盛时代，当时流行的垂直轴风车，一直沿用至今。明代开始应用风力水车灌溉农田，并出现了用于农副产品加工的风力机械。在国外，埃及、荷兰、丹麦等国也都是世界上较早和普遍利用风的国家。古埃及利用风磨碾磨粮食；18 世纪中叶荷兰建有风车，主要用于碾谷和抽水。19 世纪末发电机问世，丹麦创造了世界上第一座风力发电站，并广泛利用风力电站提供照明和其他生活用电。可是后来，由于石油的发现，煤的开采，风能反而使用得少了。在 20 世纪 70 年代后，随着世界性能源危机和环境污染的日趋严重，风能又再次向世人展示了它的风采。

风能是一种取之不尽，用之不竭的清洁、可再生能源。据估算，全世界的风能总量约 1300 亿千瓦，中国的风能总量约 16 亿千瓦。我国风能资源最丰富的地区是新疆西北部、内蒙古、辽东半岛、东南沿海及附近岛屿（见表 9-3）。

表 9-3　我国风能资源状况

地　区	有效风能密度 /W·m⁻²	时间/h	
		风速超过 3m/s	风速超过 6m/s
新疆北部、内蒙古、甘肃北部	200～300	5000	3000
黑龙江、吉林东部、河北北部及辽东半岛	200	5000	3000
东南沿海及其附近岛屿	200	7000～8000	40000
青藏高原北部	150～200	4000～5000	3000
云南、贵州、四川、甘肃等	50	2000	150

对于风能的利用一般有两种方式：

（1）采用风力机械设备，把风能转变成机械能，直接为人们所用。

（2）风力发电，风力发电是用一种机-电能量转换装置将风能转换成电能，其原理是天然风吹转叶片（形如风轮），带动发电机的转子旋转而发电。

我国现代风力发电事业始于 20 世纪 70 年代。目前，我国有近 30 个风电场，总装机容量达 46 万千瓦。这种纯粹的绿色能源每 10 兆瓦风电入网可节约 3.731 吨煤，同时减少大气排放 0.498 吨的粉尘，9.35 吨的二氧化碳，0.049 吨的 NO_x 和 0.078 吨的 SO_2。开发风能发电对节约传统的煤炭资源和减轻大气污染有突出的作用。另外，和水力发电、火力发电及核能发电相比，风力发电的能源偿还期最短。近 20 年来，风能发电技术有了巨大的进步，使得风力发电的成本大幅下降。未来20年，风电的成本还会进一步降低35%～40%。

表9-4　各种能源发电的成本对比

电力种类	煤　电	天然气	水　电	核　电	风　电
成本/美分·(kW·h)$^{-1}$	4.8～5.5	3.9～4.4	5.1～11.3	11.1～14.5	4.0～6.0

风力发电不消耗资源、不污染环境，具有广阔的发展前景，和其他发电方式相比，它的建设周期较短，装机规模灵活，实际占地少，对土地要求低。此外，在发电方式上，既可联网运行，也可独立运行。但是由于风能的能量密度低（空气密度仅约为水的1/800），因此风能利用装置的体积大，耗用的材料多，投资也高。在生态上可能会干扰鸟类，因此需要离岸发电，如此便增加了成本。因为风力的间隙性，使得其经济性不足，必须等待压缩空气等储能技术发展。进行风力发电时，风力发电机也会发出很大的噪声。

图9-21　海上风力发电

但自1973年世界石油危机以来，风能作为新能源才重新发展起来，各国关于风能发电也有不同的事例。

目前，美国大部分风力发电机建在加利福尼亚州，有17000多台，其发电量占全美发电量的1%左右。美国最大的棕榈泉风电场有40000台风机，装机容量为50万千瓦，相当于一个大型火力发电厂。

风电规模居世界第3位的丹麦是最早利用风力发电的国家，总装机容量达到1450兆瓦，风力发电量占丹麦总发电量的3%左右。它的风力发电机制造水平及制造能力均位于世界前列，全球10大风机制造商中，丹麦有6家。

德国是世界上风力发电规模最大的国家，其风力发电的装机容量已达3000兆瓦。德国的风机制造能力强、水平高，全球10大风机制造商中，德国占有

2 家。

另外，西班牙、印度、意大利、日本等国风力发电的规模也都位于世界前列。

9.5.3 海洋能

地球表面的 70% 是海洋，它是富饶、美丽的。一望无际的汪洋大海，不仅为人类提供航运、水产和丰富的矿藏，还蕴藏着巨大的能量，同时又是一种有利于环保、清洁可再生的新能源。海洋能的全球储量达 1500 亿千瓦。全球海洋能的可再生量很大，理论上可再生的功率总量能达 766×10^8 千瓦。海洋能是指依附在海水中的可再生能源，主要包括波浪能、潮汐能和温差能。波浪能主要发生在南、北半球 30° 纬度之间的地区；潮汐能主要在潮差大而且有良好地形的港湾河口；海洋热能则主要分布在南纬 30° 到北纬 30° 之间的赤道深水海域。开发海洋能不会产生废水、废气，也不会占用大片良田，更没有辐射污染。因此，海洋能被称为"21 世纪的绿色能源"。

人类早在 11 世纪就开始利用海洋能了。尽管如此，海洋能的利用也是相当困难的，海洋中的风、浪、流的破坏性很大，海水化学腐蚀性较强，工程建筑施工也比较困难。加上海洋能密度低，工程造价高，竞争力相比其他能源较弱。但是，能源危机以来，人们迫切的需要新型能源，海洋资源的庞大使得人们加快了对海洋能开发利用的步伐。

9.5.3.1 波浪能

波浪能是指海洋表面波浪所具有的动能和势能。据估计，海浪的能量在 1 平方千米的海面上，波浪运动每秒钟就有 25 万千瓦的能量，海洋里的波浪能达 27 亿千瓦。波浪发电的优点在于发电方式安全、不耗费燃料、清洁而无污染，在沿海岸设置波浪发电装置还可以起到防波堤的作用，运行相对稳定，更容易接入普通电网。"涡流振动"发电产生能量，但不破坏海水流动。当然它也有缺点。海

图 9-22 海浪

水对普通钢材的腐蚀和破坏严重，因而对材料要求高且波浪能开发技术复杂、成本高、投资回收期长。早在19世纪初，人们就对利用巨大的波浪能产生了兴趣，直到20世纪40年代，才有人对波浪发电进行研究和实验，50年代出现了可供实验的波浪发电装置，60年代才进入了使用阶段。

波浪发电是利用海浪波动，驱动涡轮机工作，目前已用于灯塔、浮标的灯光电源。波浪的能量与波高的平方、波浪的运动周期以及迎波面的宽度成正比。波浪能是海洋能源中能量最不稳定的一种能源，是由风把能量传递给海洋而产生的，它实质上是吸收了风能而形成的。能量传递速率和风速有关，也和风与水相互作用的距离有关。全世界波浪能的理论估算值也为109千瓦量级。利用中国沿海海洋观测台站资料估算得到，中国沿海理论波浪年平均功率约为1.3×10^7千瓦，其中浙江、福建、广东和台湾沿海为波能丰富的地区。中国大部分海岸的年平均波浪功率密度为每平方米2~7千瓦。

将波浪能收集起来并转换成电能或其他形式能量的波能装置有设置在岸上的和漂浮在海里的两种。按能量传递形式可将其分为：直接机械传动、低压水力传动、高压液压传动、气动传动。而波浪能发电装置则有：漂浮式波浪能装置；固定式波浪能装置，这种装置又分为岸式、收缩波道式、摆式、沉箱式等多种形式以及半漂浮、半固定波能装置。漂浮式波浪能装置首次实现了波浪能向电能的转换，但系统发电总效率不高，发电成本高。半漂浮、半固定波能装置，建造容易，成本低，抗风能力强，稳定性高，能进行电能储存。

2004年9月在距离英国苏格兰大陆最北端大约100公里的奥克尼群岛上，启动了世界上首家海洋能源试验场"欧洲海洋能源中心"。它将对新型海洋能源技术和设备进行试验和推广，奥克尼群岛自然条件优越，岛上最大风速可达到每小时190公里。该中心的操作室设在岛上靠近海岸的位置，有3排机组，包括交换器、控制设备以及与英国国家电网相连接的系统，此外海面上还有4个白色浮标（4个试验床）。埋设在海底的电缆将试验床上的设备与操作室的机组相连，将电能从海洋直接输送到操作室，经过转化后再输往英国国家电网，再通过电网将电力输送到居民家中。正是这些试验床，将海洋能源引入了寻常百姓家。

9.5.3.2　潮汐能

海水有周期性的涨落现象，海水白天的上涨是"潮"，晚上的上涨是"汐"，合称为"潮汐"。潮汐能是潮汐现象产生的能源，主要与天体引力有关，是海水受到月球、太阳引力作用产生的一种周期性的海水自然涨落现象。一般说来，平均潮差在3米以上才有实际应用价值。世界上较大的潮差值约为13~15米，我国的最大的潮差值（杭州湾澉浦）为8.9米。我国沿海省区平均潮差及所拥有的潮汐能资源差别较大：东海＞黄海＞渤海。估计全世界的潮汐能为6000万千瓦。潮汐能发电与水力发电一样，它利用了涨潮和退潮时的落差和流量，运用海潮形成的水头和潮流推动发电机组。具体地说，潮汐发电就是在可以储存大量海水的海湾或有潮汐的河口建一条大坝，将海湾或河口与海洋隔开，再在坝内或坝房安装水轮发电机组，然后利用潮汐涨落时海水位的升降，当潮水流过轮机转动水轮发电机组时会产生电力；退潮时，涡轮机叶轮片倒转，这样，可持续发电。潮汐能发电又可分为三种形式：单池单向电站、双池单向电站、单池双向电站。单池双向发电经济性较好，应用较多。

图 9-23 利用海洋潮涨潮落发电的水轮机

人类很早就利用潮汐能了，11 世纪左右的历史记载有潮汐磨坊。那时在欧洲大西洋沿岸的一些国家，建造过许多磨坊，功率约 20～73.5 千瓦，有的磨坊甚至运转到 20 世纪二三十年代。世界上第一台潮汐能发电机于 1912 年在德国布斯姆建成。法国朗斯海湾有 24 万千瓦的

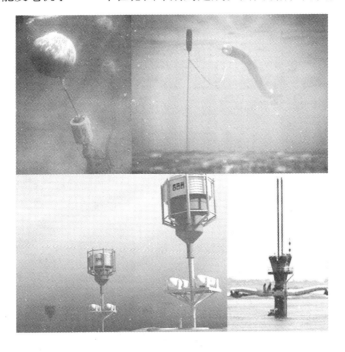

图 9-24 海洋能发电的新型装置

潮汐发电站。世界上已建成潮汐电站30多座，年发电量6亿千瓦时。我国海岸线长1.8万公里，沿海有6000多个大小岛屿，组成14000公里的海岛岸线。潮汐能丰富，潮汐类型多种多样，是世界海洋潮汐类型最为丰富的海区之一。潮汐能理论蕴藏量大约为0.11太瓦（10^{12} W），年发电量约为2750×10^8千瓦时；可供开发的约3580×10^4千瓦，年发电量为870×10^8千瓦时。

我国江厦潮汐电站的建设是我国海洋能发电史上的一个里程碑。我国潮汐发电始于20世纪50年代，陆续在广东、浙江、上海、山东建起多座潮汐能电厂。其中1985年建成的江厦潮汐电站造价与600千瓦以下的小水电站相当。一共完成5台装机，潮汐能电站装机容量3200千瓦。第一台机组于1980年开始发电，电站于1985年底全面建成，年发电量可达1070万千瓦时，每千瓦时电价只要0.067元。每年自身经济效益，包括发电67万元、水产养殖74万元和农垦收入190万元，共计可达330万元。社会效益方面，以每千瓦时电可创社会产值5万元计，可达5000万元。这是中国，也是亚洲最大的潮汐电站，仅次于法国朗斯潮汐电站和加拿大安纳波里斯潮汐电站，居世界第三位。它的建成是我国海洋能发电史上的一个里程碑。

与风能、太阳能等其他可再生能源相比，潮汐能具有储量大、影响因素少、可靠性高及能量转化效率高等优点，利用前景广阔，但是潮汐能的能量密度不大，而且潮汐发电站必须选择有港湾的地方修筑蓄水坝，造价昂贵，还可能损坏生态自然环境。

9.5.3.3　海洋温差能

海水因为分布的地域不同，深度不同，其温度是有差异的。海洋表面因太阳辐射，温度比较高，约为25～30℃，而深部温度比较低，水下400～700米深层冷水则为5～10℃。两者温差为20℃，可用来发电10太瓦。据估计，海洋接受的太阳能，按平均功率计，约为60万亿千瓦以上。如果把表层海水的温度降低1℃，则可得600亿千瓦的功率，相当于全世界3000年的全部能源需要。

海洋温差能又称海洋热能，是利用海洋表面热水（吸收太阳能变热）和深层冷水之间的温差来发电的，它要求具有18℃以上的温差。在南纬20°到北纬20°的许多热带或亚热带海域终年形成20℃以上的垂直海水温差，利用这一温差可以实现热力循环并发电。温差能除了发电，还可利用

图9-25　阳光照射的海洋

作为驱动的能源，直接或间接产生动力，推动舰船的行进。如无动力的水下运载器，即水下滑翔机，就是利用海洋温差作为能源的。

1926 年克劳德和布射罗进行了温差发电实验，从此翻开了温差发电的篇章。1948 年法国在非洲象牙海岸首都阿比让附近修造了世界上第一座海水温差试验发电站，它的工作原理是将表层温度高的海水用泵送进蒸发器，温海水在低压下蒸发，产生水蒸气来推动汽轮发电机发电，工作后的水蒸气沿着管道进入冷凝器，凝结成水后排回海里。因为温海水和冷海水都需要靠泵来送入蒸发器和冷凝器内，同时为了保持蒸发器的低压状态，要靠泵来抽空，所以，电站发电量的20% ~ 30%都要用于系统的本身运转上。面对开式循环的弱点，1964 年美国的安德森首次提出了用低沸点液体（丙烷和液态氨）作为工作介质，产生的蒸汽为工作流体的闭式循环。这样可使蒸汽压提高数倍，发电装置体积变小。1979年，世界上第一座海水温差发电站在美国的夏威夷成功投入工业发电。

海洋温差发电不但能获得电能，而且还可以获得很多副产品。如蒸发器内蒸发后的浓缩水可以用来提炼出很多有用的化工产品，而在冷凝器内冷却后可以得到大量的淡水。然而海洋温差发电也是有缺点的，它在低温低压下海水的蒸汽压和开式循环的热效率都很低，为了能够正常运转，机组要制造得很大，而且大量的冷海水都在海洋深处，它们的提取存在许多的技术难题。虽然海洋温差发电能量多变，而且密度较低，然而它确实是一种蕴涵巨大且永恒的能源。

参 考 文 献

[1] 贾金虎. 我国环境保护进展及政策[J]. 今日国土, 2008(Z2)：46~49.

[2] 李永久. 环境保护与环境影响[J]. 华章, 2008(Z2)：155~157.

[3] 赵洪奎, 李长聚, 王克红. 加强环境保护造福后代[J]. 河南科技, 1993(01)：28~33.

[4] 武敏. 论水污染的危害与治理[J]. 鸡西大学学报, 2008(04)：144~146.

[5] 况守龙. 水污染的途径及危害[J]. 科技资讯, 2008(02)：182.

[6] 刘建, 徐学良, 刘富裕. 水污染及其危害[J]. 地下水, 2004(03)：167, 189.

[7] 郑强. 浅析水污染的危害与治理方法[J]. 科技信息, 2009(31)：707, 721.

[8] 水污染对健康的影响[J]. 给水排水动态, 2007(02)：40~41.

[9] 王金应, 刘国尧. 水污染对人体健康危害的现状及对策研究[J]. 环境科学与技术, 2006 (S1)：80~81.

[10] 秦晓光. 浅议水污染危害与治理污水保护环境的对策[J]. 市政技术, 1999(04)：36~37.

[11] 周才扬, 穆宏强. 我国的水污染现状及防治对策[J]. 长江职工大学学报, 2002(04)：8~9.

[12] 张项红, 汤英鸽. 浅谈大气污染对人体健康的危害[J]. 魅力中国, 2010(05)：5.

[13] 胡春莉. 浅谈大气污染的危害及防治[J]. 河南科技, 2010(16)：166.

[14] 杨志宁. 浅谈我国城市大气污染及其防治措施[J]. 河南科技, 2010(06)：66.

[15] 刘洋, 李宏伟. 浅谈大气污染的防治措施[J]. 黑龙江科技信息, 2009(12)：165.

[16] 大气污染及其防治[J]. 环境科学文摘, 2010(05)：33~39.

[17] 大气污染及其防治[J]. 环境科学文摘, 2010(04)：32~36.

[18] 吴瑞娟, 金卫根, 邱峰芳. 土壤重金属污染的生物修复[J]. 安徽农业科学, 2008(07)：2916~2918.

[19] 刘绍富. 土壤污染及防治措施探析[J]. 现代农业科技, 2009(01)：217.

[20] 李壮林. 土壤污染及其治理措施[J]. 农村经济与科技, 2009(06)：110.

[21] 宋建民. 土壤污染控制与土地的可持续利用[J]. 环境保护, 2007(10)：47~49.

[22] 翟雯航, 高勇伟, 田景环. 我国土壤污染概况及危害性[J]. 河南科技, 2008(05)：7.

[23] 张桂香, 赵力, 刘希涛. 土壤污染的健康危害与修复技术[J]. 四川环境, 2008(03)：105~109.

[24] 王晓刚, 郝永亮, 赵和平. 土壤污染的原因及防治措施[J]. 山西农业（致富科技）, 2008(09)：32.

[25] 翟雯航, 高勇伟, 陈海涛. 我国土壤污染状况及其危害性[J]. 山西农业（致富科技）, 2008(08)：30~31.

[26] 申富英, 李珩. 英国人的日常生活习俗与环境保护[J]. 民俗研究, 2006(02)：259~265.

[27] 杨丽萍. 室内环境污染分析及防治措施[J]. 天津科技, 2005(04)：56~57.

[28] 孙晓航. 室内空气污染对人体健康影响及防治对策[J]. 黑龙江环境通报, 2005(03)：74~75.

[29] 张晓超，徐钟，向玫玫．浅析室内装修污染及其防治[J]．四川建筑，2005(05)：22～23.

[30] 室内环境污染的12种表现[J]．中国质量万里行，2005(10)：24～29.

[31] 严桂英，蒋斌．室内装修的环境污染、危害及防治[J]．污染防治技术，2005(05)：31～33.

[32] 白羽．室内空气污染、危害及预防[J]．辽宁建材，2005(05)：30.

[33] 李玉琴，王慧欣．浅析室内环境污染[J]．大众科技，2005(09)：134，136.

[34] 肖懿，唐哲，白战林，谭竹，郭培华．居室污染严重杀手多为甲醛[J]．中国质量万里行，2005(10)：21～24.

[35] 白振光．室内空气污染的防治措施[J]．舰船防化，2005(01)：24～29.

[36] 何顺忠，等，一起圆弧青霉毒所致的食物中毒[J]．中国食品卫生杂志，1989，1(4)：51～54.

[37] GB/T 18883—2002，室内空气质量标准[S].

[38] GB 50325—2001，民用建筑工程室内环境污染控制规范[S].

[39] 李晓铃．我国室内氡污染现状及相关控制标准[J]．四川环境，2008，27(6)：100～103.

[40] 中华人民共和国环境保护部．中国环境状况公报[EB]．2009.

[41] 中国品牌与防伪编辑部．十年中国重大食品安全事件一览[J]．中国品牌与防伪，2010(12)：72～25.

[42] 刘万林，卢振．二十二年来九种食品安全事件分类浅析[J]．中国食品，2009(6)：26～28.

[43] 云南档案编辑部．节约用水，从生活中的一点一滴做起[J]．云南档案，2010(4)：58.

[44] 高翔云，汤志云，李建和．国内土壤环境污染现状与防治措施[J]．环境保护，2000，6(4)：50～53.

[45] 贡建伟，程宝义，王利军．霉菌污染及其防治措施[J]．洁净与空调技术，2005(02)：28～31.

[46] 刘海涛．霉菌污染及其防治措施[J]．中国实用医药，2007(04)：98～99.

[47] 杨剑．防霉去霉　教您两招[J]．家庭医药，2007(02)：65.

[48] 章凤羽，孙占宁，高迎春，李强，高金鑫，董玉霞．浅谈冷库的霉菌污染防治措施[J]．肉品卫生，1996(01)：22～23.

[49] 黄吉城．霉菌污染预防措施探讨[J]．广东卫生防疫，1998(01)：88～90.

[50] 杨颖，王成，郊光发，李伟．城市植源性污染及其对人的影响[J]．林业科学，2008(04)：151～155.

[51] 雷启义．空气中的花粉污染研究[J]．贵州师范大学学报（自然科学版），1999(02)：106～110.

[52] 廖凤林．城市空气花粉污染评价[J]．城市环境与城市生态，2000(03)：45～46.

[53] 汪永华．花粉过敏与城市绿化植物设计[J]．中国城市林业，2005(03)：53～55.

[54] 廖凤林．花粉污染及其防治[J]．环境与可持续发展，1992(02)：5～7.

[55] 白玉荣，刘爱霞，孙枚玲，刘桂莲，孟雅琴．花粉污染对人体健康的影响[J]．安徽农业科学，2009(05)：2220～2222.

[56] 吴宝成，张红星．人和动物的多瘤病毒[J]．广西科学，1997(01)：74~79．

[57] 杨霞．人类"生物战"——人类和细菌病毒的战争[J]．今日科技，2005(08)：54~56．

[58] 赵胜源．细菌和病毒[J]．杭氧科技，2003(03)：24．

[59] 吴恒义．神奇的细菌世界[J]．健康，1999(08)：40~41．

[60] 李力．细菌与我们同在[J]．中国健康月刊，1997(12)：4．

[61] 帕迪利亚．小心病毒 小心细菌[J]．出版参考，2003(17)：37~38．

[62] 孙兆茹，王淑云．螨虫致敏的治疗及预防[J]．实用乡村医生杂志，1994(02)：22．

[63] 秦宁．螨虫不仅会让你皮肤生病[J]．健康，2005(02)：20．

[64] 铁钢．空调一开万只螨虫扑面来[J]．社区，2003(13)：45．

[65] 陈达宗．不要与螨虫为伍[J]．健康生活，2004(04)：24．

[66] 张居作，陈汉忠，徐君飞．我国弓形虫的感染现状[J]．动物医学进展，2008(07)：101~104．

[67] 刘建枝，陈裕祥，夏晨阳，田波．弓形虫病危害性及其诊断与防治研究进展[J]．西藏科技，2010(11)：52~55．

[68] 李金萍．人、猫弓形虫病的防治[J]．河南畜牧兽医，1999(01)：50．

[69] 王凤兰，周艳平，刘昕．不可忽视小宠物猫狂犬病的危害及防控[J]．养殖与饲料，2007(05)：28．

[70] 彭毛．狂犬病的现状及预防研究进展[J]．青海畜牧兽医杂志，2006(04)：41~42．

[71] 狂犬病防治知识[J]．农民文摘，2007(03)：47．

[72] 余达．养鸟须防鹦鹉热[J]．健康大视野，1998(04)：49．

[73] 贾杰．鹦鹉热的诊断与防治[J]．中国实用内科杂志，1996(03)：136~138．

[74] 朱星财．一起农村自办婚宴引发食物中毒的调查[J]．海峡预防医学杂志，2007，13(5)．

[75] 芦惟本，万熙卿．一起猪复合型霉菌毒素中毒的案例分析[J]．今日养猪业，2006(03)：22~24．

[76] 马海林，陆雪梅，李雷．食油菜花粉致过敏休克喉水肿1例[J]．新疆医学，2005(35)：117．

[77] 王宪利，张岩，胡斌，刘红．一起因花粉过敏致湿疹群体发病的报告[J]．武警医学，2000，11(11)：694．

[78] 叶春昭，邓志强．一起尘螨引起的医院内感染暴发调查[J]．中华疾病控制杂志，2008(04)：342．

[79] 皮蕾，刘海英，刘云锋．广州地区1136例过敏患儿常见过敏原分布及尘螨交叉反应分析[J]．临床儿科杂志，2011(1)．

[80] 林勇．城市光污染及其治理研究[J]．灯与照明，2003，27(3)：23~25．

[81] 高莉．噪声污染损害赔偿案[J]．环境导报，2003(15)：25．

[82] 刘湘．论噪声污染损害赔偿——一起噪声污染致人死亡案的评析[J]．中国环境管理干部学院学报，2002，12(3)：70~72．

[83] 蓝楠．难以忍受的噪声[J]．绿色视野，2009(5)：40~43．

[84] 关辉，李琦．试论生活噪声污染防治[J]．内蒙古环境科学，2008(4)．

[85] 孙飞．通讯设施电磁辐射污染案[J]．环境，2009(5)：52~53．

［86］方雪雷．生活环境中关于电磁辐射的环境污染和防治［J］．科技咨询，2010（1）：146.

［87］汪丽媛，刘恋，丁凯．浅谈电磁污染的危害及防护措施［J］．科技传播，2010（7）：113～115.

［88］王亚军．热污染及其防治［J］．安全与环境学报，2004，4（3）：85～87.

［89］吴文广．环境放射性污染的危害与防治［J］．广东化工，2010，37（7）：194～195.

［90］董治长．生活中的污染与预防［M］．北京：高等教育出版社，1993.

［91］孙胜龙．家庭环保知识问答［M］．北京：化学工业出版社，2002.

［92］李建科．天然毒素的危害及利用［J］．中兽医医药杂志，1994（3）.

［93］杨书信，韩华民．如何预防花生黄曲霉素污染［J］．河南农业，2009（17）.

［94］刘燕婷，雷红涛，钟青萍．河豚毒素的研究进展［J］．食品研究与开发，2008（02）.

［95］袁黛．家庭环境保护指南［M］．南京：江苏科学技术出版社，2003.

［96］宋应文，赵云航．氡气对住户的危害及其防治［J］．住宅科技，1994（01）.

［97］陈德展，梁芳珍，郭佃顺．化学之道：化学卷［M］．山东：山东科学技术出版社，2008.

［98］吴建富，施翔，肖青亮，许新南．我国肥料利用现状及发展对策［J］．江西农业大学学报，2003（05）.

［99］任仁，张敦信．化学与环境［M］．北京：化学工业出版社，2002.

［100］康娟，等．身边的化学［M］．北京：中国林业出版社，2002.

［101］原英群，刘宏程．全球污染：跨国界的话题［M］．广州：世界图书出版广东公司，2009.

［102］张宝莉．农业环境保护［M］．北京：化学工业出版社，2002.

［103］金延才，李卫东，等．浅议固体废弃物的污染现状及防治对策［J］．中国科技信息，2008（7）.

［104］尚谦，袁兴中．关于城市生活垃圾的危害及特性分析［J］．有色金属加工，2001（1）.

［105］夏京，王婷．城市生活垃圾中纸质品的回收利用［J］．中国环保产业，2004（6）.

［106］赵延伟，赵曜，等．纸包装废弃物综合治理研究［J］．中国包装工业，2000（5）.

［107］关成，姜子波，等．中国塑料回收行业现状分析及发展前景［J］．塑料，2009，38（3）.

［108］孙亚明，等．废旧塑料回收利用的现状及发展［J］．云南化工，2008（4）.

［109］S. M. Al-Salem, P. Lettieri, J. Baeyens. Recycling and recovery routes of plastic solid waste（PSW）: A review［J］. Waste Management, 2009（29）.

［110］马占峰，张冰．2008年中国塑料回收再生利用行业状况［J］．中国塑料，2009，23（7）.

［111］才秀芹，曾雄伟，等．废玻璃的回收处理与利用［J］．玻璃，2010（2）：20～23.

［112］徐美君．国际国内废玻璃的回收与利用（上）［J］．建材发展导向，2007（1）.

［113］徐美君．国际国内废玻璃的回收与利用（中）［J］．建材发展导向，2007（2）.

［114］徐美君．国际国内废玻璃的回收与利用（下）［J］．建材发展导向，2007（3）.

［115］卞致璋．从发达国家的做法看我国废玻璃的回收与利用［J］．中国建材，2003（6）：51～55.

［116］兰兴华．基本金属回收数据概述［J］．资源再生，2009（5）.

［117］宗涛．搞好废旧钢铁回收利用的对策措施［J］．中国资源综合利用，2006（1）：39～41.

［118］王敏．废铁屑的综合利用途径［J］．中国物资再生，1999（8）：22～23.

[119] Kuniaki Murase, Ken-ichi Machida, Gin-ya Adachi. Recovery of rare metals from scrap of rare earth intermetallic material by chemical vapour transport[J]. Journal of Alloys and Compounds, 1995(217)：218～225.

[120] 张天姣，陈晓东，等. 废杂铜的回收与利用[J]. 广东化工，2009，36(6)：133～134.

[121] 苏鸿英. 全球废铝回收的现状和未来[J]. 资源再生，2009(3)：24～25.

[122] 马广智，林盛，等. 广东省家庭厨房垃圾现状的调查及处理对策的初步分析[J]. 现代食品科技，2009，25(12)：1272～1274.

[123] 王晨. 废弃包装物与日常生活的节能环保[J]. 技术应用，2010(05)：122～123.

[124] 王延让，王倩. 塑料包装物环境影响分析[J]. 环境与健康杂志，1997，14(6).

[125] 李岩，陈鑫，等. 节能灯中汞的环境影响及对策分析[J]. 环境科学与管理，2009，34(5)：38～42.

[126] 聂永丰. 废电池危害及其环境污染风险分析[J]. 节能与环保，2004(2)：5～6.

[127] 沈盘绿，马胜伟，等. 废电池浸出液对海洋生物的影响评价[J]. 上海环境科学，2007，26(4)：170～173.

[128] 孙淑兰. 汞的来源、特性、用途及对环境的污染和对人类健康的危害[J]. 上海计量测试，2006，5(175)：6～9.

[129] 吴占松，马润田，赵满成，等. 煤炭清洁有效利用技术[M]. 北京：化学工业出版社，2007.

[130] 宇文涛. 环境与能源[M]. 北京：科学出版社，1981.

[131] 朱蓓丽. 环境工程概论[M]. 北京：科学出版社，2001.

[132] Paul L. Bishop. 污染预防：理论与实践[M]. 王学军，等译. 北京：清华大学出版社，2003.

[133] 徐华清. 中国能源环境发展报告[M]. 北京：中国环境科学出版社，2006.

[134] 花景新，等. 城镇燃气规划建设与管理[M]. 北京：化学工业出版社，2007.

[135] 左玉辉. 环境学. 2版[M]. 北京：高等教育出版社，2010.

[136] 王岩，陈宜俍. 环境科学概论[M]. 北京：化学工业出版社，2003.

[137] 张翠菊，王海琰，李星华. 浅析农药环境污染与防治措施[J]. 江苏环境科技，2008，21(1)：145～146.

[138] 吴建富，施翔，肖青亮，许新南. 我国肥料利用现在及发展对策[J]. 江西农业大学学报，2003.

[139] 肖军，秦志伟，赵景波. 农田土壤化肥污染及对策[J]. 环境保护科学. 2005(31)：32～33.

[140] 姚卫蓉. 食品包装污染物研究进展[J]. 现代食品科技，2005，21(1)：150～153.

[141] 房具燕，杨艳萍. 在你身边的环境科学[M]. 北京：中国环境科学出版社，1998.

[142] 李方正. 新能源[M]. 北京：化学工业出版社，2007.

[143] 何国庚. 能源与动力装置基础[M]. 北京：中国电力出版社，2008.

冶金工业出版社部分图书推荐

"十二五"国家重点图书——
《环境保护知识丛书》